T0220307

BestMasters

Mit „BestMasters" zeichnet Springer die besten Masterarbeiten aus, die an renommierten Hochschulen in Deutschland, Österreich und der Schweiz entstanden sind. Die mit Höchstnote ausgezeichneten Arbeiten wurden durch Gutachter zur Veröffentlichung empfohlen und behandeln aktuelle Themen aus unterschiedlichen Fachgebieten der Naturwissenschaften, Psychologie, Technik und Wirtschaftswissenschaften.

Die Reihe wendet sich an Praktiker und Wissenschaftler gleichermaßen und soll insbesondere auch Nachwuchswissenschaftlern Orientierung geben.

Paola Janßen

Bayessche Netze in der Rechtsprechung

Der Strafprozess gegen
Jörg Kachelmann als statistisches
Entscheidungsproblem

Mit einem Geleitwort von Prof. Dr. Martin Missong

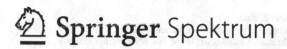

Paola Janßen
Universität Bremen
Deutschland

BestMasters
ISBN 978-3-658-17813-0   ISBN 978-3-658-17814-7   (eBook)
DOI 10.1007/978-3-658-17814-7

Die Deutsche Nationalbibliothek verzeichnet diese Publikation in der Deutschen National-
bibliografie; detaillierte bibliografische Daten sind im Internet über http://dnb.d-nb.de abrufbar.

Springer Spektrum
© Springer Fachmedien Wiesbaden GmbH 2017

Gedruckt auf säurefreiem und chlorfrei gebleichtem Papier

Springer Spektrum ist Teil von Springer Nature
Die eingetragene Gesellschaft ist Springer Fachmedien Wiesbaden GmbH
Die Anschrift der Gesellschaft ist: Abraham-Lincoln-Str. 46, 65189 Wiesbaden, Germany

Geleitwort

Die Masterarbeit von Frau Paola Janßen entstand an der Forschungsstelle „Statistik vor Gericht" am Fachbereich Wirtschaftswissenschaft der Universität Bremen, einem Kooperationsprojekt der Universität Bremen und der Fachhochschule Kiel. Die Forschungsstelle untersucht, welche quantitativen Methodenkenntnisse Juristinnen und Juristen im Gerichtsalltag, d. h. bei der Tatsachenfeststellung und der richterlichen Entscheidung hilfreich sein können und wie diese Kenntnisse im Rahmen der juristischen Ausbildung vermittelt werden können.

Frau Janßen fokussiert in diesem Kontext auf die juristische Urteilsfindung und setzt sich kritisch mit Bayesschen Netzen als probabilistischen Expertensystemen auseinander, deren potenzielle Anwendung in der richterlichen Urteilsbildung in verschiedenen aktuellen Forschungsarbeiten untersucht wird. Die Darstellung und die kritische Diskussion der Methodik wird von Paola Janßen sehr anschaulich durch das Bayessche Netz illustriert, das sie für den Strafprozess gegen den ehemaligen Wettermoderator Jörg Kachelmann entwirft und auswertet.

Bayessche Netze können zunächst dazu genutzt werden, ein komplexes Entscheidungsproblem logisch konsistent zu strukturieren und den Prozess der Überzeugungsbildung bei neu hinzukommenden Informationen transparent zu machen. Im juristischen Kontext erlauben sie eine Quantifizierung der Schuldwahrscheinlichkeit eines Angeklagten bei gegeben Indizien. Die Notwendigkeit, dazu bereits im Vorfeld Wahrscheinlichkeitsannahmen treffen zu müssen und als Inputparameter bei der Netzanalyse zu verwenden, wird dabei vielfach kritisiert. Hier propagiert Paola Janßen die Verwendung von Sensitivitätsanalysen, um diesem Kritikpunkt wirkungsvoll zu begegnen.

Mit der vorliegenden Arbeit schließt Frau Janßen ihr Studium der Betriebswirtschaftslehre erfolgreich ab. In der Masterarbeit nähert sie sich unvoreingenommen und sachkundig den Fachgebieten Statistik und Recht. Dies spiegelt sich in ihrer offenen und dabei stets präzisen Ausdrucksweise wider. Dadurch kann die Masterarbeit sowohl von einem statistisch als auch von einem juristisch orientierten Fachpublikum mit Gewinn rezipiert werden. Zudem ist die Ausarbeitung von Paola Janßen in hohem Maße dazu angetan, weitere Forschung zu dem Themengebiet zu stimulieren und den interdisziplinären Dialog zu fördern.

Bremen, im Januar 2017   *Prof. Dr. Martin Missong*

Danksagung

An dieser Stelle möchte ich all jenen danken, die durch ihre fachliche und persönliche Unterstützung zum Gelingen dieser Masterarbeit beigetragen haben. Mein Dank gilt dabei insbesondere meinem Erstgutachter Herrn Prof. Dr. Martin Missong sowie meiner Betreuerin Tanja Ihden, die mich auf dieses interessante Thema aufmerksam gemacht hat. Das Feedback zu meinen Fragen während der Entstehungsphase dieser Arbeit und die wertvollen Anregungen und Verbesserungsvorschläge haben mir sehr geholfen. Zudem möchte ich mich bei Herrn Missong für das mir entgegengebrachte Vertrauen und die Möglichkeit bedanken, an seiner Professur für Empirische Wirtschaftsforschung und angewandte Statistik zu promovieren.

Weiterer Dank gebührt Herrn Dr. Detlev Ehrig für seine Bereitschaft, die Zweitkorrektur zu übernehmen und sich noch kurz vor seinem Ruhestand meinem Masterarbeitsthema anzunehmen. Auch die Anregungen und die Vermittlung von Kontakten durch Herrn Dr. Dr. Hanjo Hamann haben mir sehr weitergeholfen. Hierfür ein herzliches Dankeschön.

Ebenso gilt mein Dank meiner Mutter und meinem Bruder, die sich bereitwillig für das Korrekturlesen zur Verfügung stellten. Zuletzt möchte ich noch all denjenigen danken, die in der Zeit der Erstellung dieser Arbeit eine große Stütze für mich waren, insbesondere meinem Freund.

Paola Janßen

Inhaltsverzeichnis

Abkürzungsverzeichnis

BGH	Bundesgerichtshof
DAG	Direkter Azyklischer Graph
K	Kachelmann
Nklg	Nebenklägerin
Rn	Randnummer
StGB	Strafgesetzbuch
StPO	Strafprozessordnung
ZPO	Zivilprozessordnung

Abbildungs- und Tabellenverzeichnis

1 Einleitung

Im einleitenden Abschnitt wird zunächst der Ausgangspunkt für die thematische Vorgehensweise dargelegt. Im Folgenden werden das Thema der Arbeit vorgestellt und die methodische Herangehensweise erläutert. Abschließend erfolgt die Beschreibung des Aufbaus der Arbeit.

1.1 Ausgangspunkt für die thematische Vorgehensweise

Sowohl im Zivil- als auch im Strafverfahren müssen sich Richter mit der Frage auseinandersetzen, ob der Beweis für eine Tatsachenbehauptung aufgrund der vorgelegten Indizien erbracht worden ist (Bender/Nack 1983, 264). In der deutschen Zivil- sowie in der Strafprozessordnung, im Folgenden abgekürzt mit ZPO beziehungsweise StPO, ist dabei der Grundsatz der freien Beweiswürdigung verankert (§ 286 ZPO; § 261 StPO). Diese darf allerdings nicht gegen Denkgesetze, welche die Gesetze der klassischen Logik beinhalten, und damit auch nicht gegen die Axiome der Wahrscheinlichkeitstheorie verstoßen (Schweizer 2015, 599). Die Einhaltung der Axiome der Wahrscheinlichkeitstheorie setzt voraus, dass der Richter seine A-Priori-Überzeugungen gemäß Bayes' Regel anpassen muss, sobald ihm neue Informationen zukommen (Fenton et al. 2013, 67). Wichtig ist hierbei insbesondere, dass das Überzeugungssystem auch bei komplexen Sachverhalten kohärent bleibt (Charniak 1991, 55). In der Entscheidungstheorie dienen Bayessche Netze[1] dazu, diese direkten Abhängigkeiten zwischen den relevanten Variablen zu modellieren und somit die Kohärenz der Teilüberzeugungen im Sinne der subjektiven Wahrscheinlichkeitstheorie sicherzustellen (Darwiche 2009, 9).

Der Disput über die Anwendung von Bayes' Regel in der Rechtsprechung wurde in den 1970er Jahren in den USA durch einen Beitrag von Finkelstein und Fairley sowie die darauffolgende Antwort durch Tribe ausgelöst und wird bis heute in der Literatur geführt (Schweizer 2015, 168-169). Kritiker von Bayes' Regel bemängeln dabei die Praktikabilität in der Praxis. Bayes' Regel führe demnach zu keiner Verbesserung der intuitiven Beweiswürdigung beim Fehlen von empirischen Wahrscheinlichkeiten und sei zudem nicht geeignet, die Komplexität von Sachverhalten in der Praxis abzubilden

---

[1] Die Schreibweise „Bayessche Netze" wurde analog zu der Schreibweise in der angelsächsischen Literatur, Bayesian Networks, übernommen und nicht nach neuer Rechtsprechung mit „bayessche Netze" gewählt.

(Schweizer 2015, 186-187). Letzterem Kritikpunkt kann durch die Verwendung von Bayesschen Netzen entgegengewirkt werden, was unter anderem durch Schweizer (2015) erfolgreich gezeigt werden konnte. Bayessche Netze dienen als Unterstützung zur Strukturierung der Beweiswürdigung und zur Schaffung interner Konsistenz der Argumentation und sollen kein formales, unmittelbares Entscheidungsinstrument darstellen (Schweizer 2015, 249). Obwohl auch andere Autoren bereits Bayessche Netze zu populären Fällen, wie zum Beispiel dem O. J. Simpson- (Thagard 2003, 361-383) oder dem People vs. Collins-Fall (Edwards 1991, 1025-1074), entwickelt haben, finden diese in der Rechtsprechung noch keine Anwendung. Impulse kommen jedoch aktuell aus der Rechtsinformatik. Hier werden formale Aspekte Bayesscher Netze mit klarem Anwendungsbezug untersucht, um die Akzeptanz einer praktischen Anwendung dieser Methodik zu stärken. Dazu gehört die Einordnung Bayesscher Netze in die Systematik gerichtlicher Entscheidungsansätze (Verheij et al. (2015)), die Zerlegung der Netze in Substrukturen beziehungsweise „Teilnetze" mit dem Ziel, Routinen für die Erstellung Bayesscher Netze zu entwickeln (zum Beispiel Vlek (2016) und die dort zusammengefasste Literatur), sowie die Ergänzung um parallele (graphische) Analyseinstrumente, um die Logik der Netze transparenter zu machen und eine intuitivere Interpretation der Ergebnisabfragen zu erlauben (Timmer et al. (2015); Keppens (2016)).

1.2   Thema der Arbeit und methodischer Zugang

Aufgrund der Aktualität sowie der Kontroversen innerhalb des Themenbereiches wird sich diese Masterarbeit mit Bayesschen Netzen in der Rechtsprechung auseinandersetzen, wobei das populäre deutsche Strafverfahren gegen den ehemaligen Wettermoderator Jörg Kachelmann mithilfe eines Bayesschen Netzes abgebildet und analysiert werden soll. Neben einer Literaturanalyse, welche sich insbesondere auf die konzeptionellen Grundlagen zu Bayes' Regel und Bayesschen Netzen bezieht, wird die Software SamIam zur Erstellung des Bayesschen Netzes verwendet und eine sich anschließende Sensitivitätsanalyse für das Netzmodell des Strafverfahrens gegen Kachelmann durchgeführt.

1.3   Aufbau der Arbeit

Nach der Einleitung werden im zweiten Kapitel zunächst relevante Begriffe der Jurisprudenz, wie beispielsweise Beweiswürdigung, Beweismaß oder Indizien, definiert. Der dritte Abschnitt beschäftigt sich mit Bayes' Regel unter Bezugnahme auf die Rechtsprechung, wobei Bayes' Regel zunächst mathematisch hergeleitet und im Anschluss der

Zusammenhang zwischen dem Likelihood-Quotienten und der Beweiskraft diskutiert wird. Zudem erfolgt eine Auseinandersetzung mit den kritischen Aspekten zu Bayes' Regel aus Sicht der Jurisprudenz. Das vierte Kapitel hat Bayessche Netze sowie das Konzept der Sensitivitätsanalyse zum Inhalt. Es werden die konzeptionellen Grundlagen von Bayesschen Netzen erläutert und dabei vor allem auf kausale Netze allgemein sowie die spezifische Definition und die Eigenschaften von Bayesschen Netzen eingegangen. Überdies werden die drei Schritte zur Erstellung eines Bayesschen Netzes beschrieben und abschließend wird das Konzept der Sensitivitätsanalyse zur Überprüfung des Modells dargestellt. Im fünften Kapitel findet eine Untersuchung des Strafverfahrens gegen Kachelmann mithilfe eines Bayesschen Netzes und einer Sensitivitätsanalyse statt. Hierzu erfolgt eine Beschreibung des Sachverhalts, woraufhin anschließend ein Bayessches Netz zu dem Verfahren entwickelt, abgefragt und interpretiert wird, bevor in einem letzten Schritt eine Sensitivitätsanalyse zu dem Sachverhalt vorgenommen wird. Im sechsten Kapitel werden die Ergebnisse der Masterarbeit zusammengefasst, woraufhin im siebten Kapitel ein abschließendes Fazit sowie eine Diskussion und eine Bewertung der Ergebnisse erfolgen und ein Ausblick auf zukünftige Forschungsfragen gegeben wird.

2 Relevante Begriffsdefinitionen der Jurisprudenz

Im folgenden Kapitel werden Begrifflichkeiten der Jurisprudenz definiert, die für die weiteren Ausführungen von Interesse sind. Hierzu gehören die Beweiswürdigung, das Beweismaß, Haupt- und Hilfstatsachen, der Indizienbeweis, Beweismittel und Beweiskraft sowie die Erfahrungssätze.

2.1 Beweiswürdigung

Der Grundsatz der freien Beweiswürdigung ist sowohl in der ZPO als auch in der StPO verankert. „Über das Ergebnis der Beweisaufnahme entscheidet das Gericht nach seiner freien, aus dem Inbegriff der Verhandlung geschöpften Überzeugung" (§ 261 StPO). Diese Vorschrift stellt eine der grundlegenden Normen für die Ausgestaltung des Strafprozesses dar und begrenzt die Erkenntnisgrundlage für das Urteil auf den Inhalt der Hauptverhandlung (Satzger et al. 2014, § 261, Rn. 1). Demnach ist der Richter bei seinem Urteil, ob eine Tatsache als bewiesen beziehungsweise nicht bewiesen anzusehen ist, nicht an Vorschriften gebunden (Meyer-Goßner/Schmitt 2015, § 261, Rn. 11). Die Überzeugung des Richters muss allerdings nachvollziehbar sein und bestimmte Mindestanforderungen erfüllen, die von der Rechtsprechung zur Beweiswürdigung und zur Überzeugungsbildung herausgebildet wurden (Satzger et al. 2014, § 261, Rn. 1). Ebenso ist der Richter an die Gesetze des Denkens und der Erfahrung gebunden (Roxin/Schünemann 2014, § 45, Rn. 50).

Eine ähnliche Formulierung zu der freien Beweiswürdigung findet sich auch in § 286 Absatz 1 ZPO. Das Gericht hat „unter Berücksichtigung des gesamten Inhalts der Verhandlungen und des Ergebnisses einer etwaigen Beweisaufnahme nach freier Überzeugung zu entscheiden, ob eine tatsächliche Behauptung für wahr oder für nicht wahr zu erachten sei. In dem Urteil sind die Gründe anzugeben, die für die richterliche Überzeugung leitend gewesen sind" (§ 286 Absatz 1 ZPO). Der Richter kann demnach ohne Bindung an gesetzliche Regeln entscheiden, ob eine streitige Behauptung als bewiesen anzusehen ist (Schmidt 1994, 65). Es wird nicht auf die objektive Wahrheit abgestellt, sondern auf die tatrichterliche Überzeugung, also die subjektive, persönliche Gewissheit des Richters (Bender/Nack 1995, 197). Beweiswürdigung umfasst daher die Summe aller Denkakte, welche zu dieser Überzeugung führen (Kuchinke 1964, 175). Der Richter muss allerdings die Gründe für sein Urteil angeben und neben den Beweismitteln auch unbestrittene Tatsachenbehauptungen und das Verhalten der Parteien im Prozess bei seiner Entscheidung berücksichtigen (Greger 1978, 6-7). Zudem darf er nicht gegen Denkgesetze und Erfahrungssätze verstoßen (Leipold 1985, 11).

2.2 Beweismaß

Das Beweismaß bezeichnet den Grad der tatrichterlichen Überzeugung, der notwendig ist, damit der Richter eine Tatsachenbehauptung in seinem Urteil als erwiesen erachten kann (Dammann 2007, 27). Das Beweismaß stellt also einen Schwellenwert dar, der überschritten werden muss, um für die Partei zu entscheiden, welche den Beweis zu erbringen hat (Schweizer 2015, 15). Im Strafverfahren ist ein „nach der Lebenserfahrung ausreichendes Maß an Sicherheit, demgegenüber vernünftige und nicht bloß auf denktheoretische Möglichkeiten gegründete Zweifel nicht mehr aufkommen" ausreichend (Meyer-Goßner/Schmitt 2015, § 261, Rn. 2). Die Beweisgrundlage muss eine objektiv hohe Wahrscheinlichkeit der Richtigkeit des Beweisergebnisses ergeben, auf der der Schuldspruch aufbaut, eine mathematische Gewissheit ist allerdings nicht notwendig (Satzger et al. 2014, § 261, Rn. 14). Im Zivilverfahren ist „ein für das praktische Leben brauchbarer Grad von Gewissheit und nicht nur von Wahrscheinlichkeit" ausreichend. Etwaige Zweifel müssen nicht gänzlich ausgeräumt werden (Baumbach et al. 2016, § 286, Rn. 18).

2.3 Beweismittel und Beweiskraft

Als Beweismittel werden Personen oder Gegenstände bezeichnet, welche den Beweis erbringen sollen (Jauernig/Hess 2011, § 49, Rn. 15). Sie können unmittelbar durch den Richter beobachtet werden und helfen diesem dabei, sich Informationen über die zu beweisenden Behauptungen zu verschaffen (Schweizer 2015, 21). Zu den Arten der gesetzlichen Beweismittel im Strafverfahren gehören der Beschuldigten-, der Augenscheins-, der Zeugen-, der Sachverständigen- und der Urkundenbeweis (Roxin/Schünemann 2014, § 24, Rn. 2). Unter Beweiskraft beziehungsweise Beweiswert wird die Fähigkeit eines Beweismittels verstanden, den Richter bezüglich seiner Überzeugung zu einem bestimmten Sachverhalt zu beeinflussen (Rosenberg et al. 2010, § 110, Rn. 27).

2.4 Haupt- und Hilfstatsachen sowie der Indizienbeweis

Haupttatsachen sind dadurch gekennzeichnet, dass sie sich mit einem abstrakten Tatbestandsmerkmal des Gesetzes decken (Balzer 2011, Rn. 2). Es handelt sich um unmittelbar erhebliche Tatsachen, die durch sich selbst die Strafbarkeit begründen oder ausschließen, zum Beispiel wenn ein Zeuge den Beschuldigten bei der Tat beobachtet hat (Roxin/Schünemann 2014, § 24, Rn. 7). Beim Indizienbeweis wird von einer mittelbar bedeutsamen Tatsache auf eine unmittelbar entscheidungserhebliche Tatsache geschlossen, wobei das Indiz durch persönliche oder sachliche Beweismittel festgestellt werden kann (Meyer-Goßner/Schmitt 2015, § 261, Rn. 25). Der Richter muss sich bei der Berücksichtigung von Indizien die Gewissheit über das Vorliegen des Tatbestandsmerkmals mithilfe von Zeugen, Parteien, Sachverständigen oder Urkunden vermitteln lassen (Schneider 1994, Rn. 373). Die Schlussfolgerung auf das Vorhandensein der Haupttatsache kann entweder anhand eines einzelnen Indizes oder anhand mehrerer Indizien gezogen werden (Schellhammer 2012, Rn. 515). Ein Beispiel für ein Indiz ist das Entfernen von Blutflecken aus der Hose durch den Angeklagten nach der Tat (Roxin/Schünemann 2014, § 24, Rn. 7). Hilfstatsachen stellen eine Untergruppe der Indizien dar und lassen einen Schluss auf den Wert des Beweismittels zu, wie beispielsweise das Erinnerungsvermögen eines Zeugen (Meyer-Goßner/Schmitt 2015, § 261, Rn. 25).

2.5 Erfahrungssätze

Erfahrungssätze stellen Regeln dar, die aus Beobachtungen typischer Geschehensabläufe abgeleitet werden und von denen angenommen wird, dass noch nicht beobachtete Fälle ebenso wie die bereits beobachteten Sachverhalte verlaufen (Stein 1969, 20). Erfahrungssätze können aufgrund allgemeiner Lebenserfahrung oder wissenschaftlicher Forschung gewonnen werden (Jauernig/Hess 2011, § 49, Rn. 29). Der Richter muss diese bei der Beweiswürdigung berücksichtigen, allerdings kann die Beweiskraft eines Erfahrungssatzes unterschiedlich ausfallen (Schneider 1994, Rn. 324). Erfahrungssätze dienen insbesondere der Transparenz der richterlichen Überzeugungsbildung und unterstützen den Richter, seine Entscheidung auf eine rationale Grundlage zu stellen (Schmitt 1992, 229).

3 Bayes' Regel unter Bezugnahme auf die Jurisprudenz

Wie bereits in Abschnitt 2.1 erläutert, wird bei der freien Beweiswürdigung auf die tatrichterliche Überzeugung abgestellt. Diese Überzeugung zur Wahrheit von Tatsachenbehauptungen ist abhängig vom Wissen des Richters, woraus geschlossen werden kann, dass es sich um eine subjektive Wahrscheinlichkeit handelt (Nell 1983, 96-97). Der Richter muss eine ausreichende Wahrscheinlichkeit für eine Tatsache, die nicht direkt beobachtet werden kann, unter Berücksichtigung von beobachtbaren Indizien erlangen (Geipel 2013, 224). Es erfolgt also ein Rückschluss von der beobachteten Wirkung auf die unbeobachtete Ursache (Büchter/Henn 2007, 222). Zunächst wird eine Wahrscheinlichkeit für die zu beweisende Haupttatsache aufgrund vorliegender Informationen geschätzt. Im weiteren Verlauf des Prozesses kommen in der Regel Indizien hinzu, die der Richter hinsichtlich ihres Beweiswerts überprüfen muss. Konkret werden die Indizien auf ihre Überzeugungskraft unter der Bedingung, dass die zu beweisende Haupttatsache eingetreten beziehungsweise nicht eingetreten ist, überprüft (Fenton et al. 2013, 67). Der Richter revidiert dadurch seine ursprüngliche Wahrscheinlichkeitsvermutung, indem er bedingte Wahrscheinlichkeiten heranzieht (Geipel 2013, 225). Diese Vorgehensweise folgt dem Grundgedanken von Bayes' Regel, wonach zunächst bestimmte Annahmen über die Wahrscheinlichkeit eines Ereignisses getroffen werden, die sogenannte A-Priori-Wahrscheinlichkeit. Bei der Berücksichtigung zusätzlicher Informationen muss ermittelt werden, wie sich die A-Priori-Wahrscheinlichkeit dadurch zur A-Posteriori-Wahrscheinlichkeit verändert (Bender/Nack 1995, 223).

Im Folgenden soll zunächst Bayes' Regel mathematisch hergeleitet werden, bevor auf den Zusammenhang von Beweiskraft und dem Likelihood-Quotienten eingegangen wird. Anschließend werden die wichtigsten Kritikpunkte an Bayes' Regel aus Sicht der Jurisprudenz erläutert.

3.1 Mathematische Herleitung von Bayes' Regel

Bayes' Regel lässt sich unmittelbar aus der Definition der bedingten Wahrscheinlichkeiten ableiten (z. B. Fahrmeir et al. 2016, 190-202). Für zwei Ereignisse A und B lassen sich folgende Wahrscheinlichkeiten definieren:

$P(A)$ = Wahrscheinlichkeit des Eintretens von A (unbedingte Wahrscheinlichkeit von A, A-Priori-Wahrscheinlichkeit für A)

P(B)   = Wahrscheinlichkeit des Eintretens von B (unbedingte Wahrscheinlichkeit
            von B, A-Priori-Wahrscheinlichkeit für B)

P(A|B)   = Wahrscheinlichkeit des Eintretens von A, wenn B eintritt (bedingte Wahr-
            scheinlichkeit von A gegeben B, A-Posteriori-Wahrscheinlichkeit für A)

P(B|A)   = Wahrscheinlichkeit des Eintretens von B, wenn A eintritt (bedingte Wahr-
            scheinlichkeit von B gegeben A, A-Posteriori-Wahrscheinlichkeit für B)

P(A∩B) = Wahrscheinlichkeit, dass sowohl A als auch B eintreten (gemeinsame
            Wahrscheinlichkeit von A und B)

Formal ergibt sich die bedingte Wahrscheinlichkeit als Quotient der gemeinsamen
Wahrscheinlichkeit und der Wahrscheinlichkeit der Bedingung (Fahrmeir et al. 2016,
191):

$$P(A|B) = \frac{P(A\cap B)}{P(B)},$$
$$P(B|A) = \frac{P(A\cap B)}{P(A)}. \tag{1}$$

Für die gemeinsame Wahrscheinlichkeit gilt folglich der sogenannte Produktsatz (Fahrmeir et al. 2016, 193):

$$P(A\cap B) = P(A|B) \times P(B) = P(B|A) \times P(A). \tag{2}$$

Durch Einsetzen des Produktsatzes (2) in die Definition der bedingten Wahrscheinlichkeiten (1) erhält man

$$P(A|B) = \frac{P(B|A) \times P(A)}{P(B)}. \tag{3}$$

Bezüglich der Interpretation von (3) lässt sich feststellen, dass eine Wahrscheinlich-
keitsrevision für A vorgenommen werden muss, wenn die Information bekannt wird,
dass B zutrifft: Die A-Priori-Wahrscheinlichkeit P(A) wird zur A-Posteriori-Wahr-
scheinlichkeit P(A|B) revidiert. Um die Abhängigkeit der Ereignisse A und B deutlich
zu machen, kann die Wahrscheinlichkeit P(B) zerlegt werden in die Wahrscheinlichkeit
des gemeinsamen Eintretens von A und B und die Wahrscheinlichkeit des Eintretens
von B, aber nicht A.

Dieses bedeutet formal

$$P(B) = P(B\cap A) + P(B\cap\neg A).$$

Unter Anwendung des Produktsatzes (2) ergibt sich der Satz der totalen Wahrscheinlichkeit (Fahrmeir et al. 2016, 197; Rao 2005, 7)

$$P(B) = P(B|A) \times P(A) + P(B|\neg A) \times P(\neg A)$$

beziehungsweise für k sich ausschließende Ereignisse A_i, i = 1, ..., k:

$$P(B) = \sum_j P(B|A_i) \times P(A_i) \,. \tag{4}$$

Durch Einsetzen des Satzes der totalen Wahrscheinlichkeit (4) in (3) erhält man Bayes' Regel (Fahrmeir et al. 2016, 199; Held 2008, 264)

$$P(A|B) = \frac{P(B|A) \times P(A)}{P(B|A) \times P(A) + P(B|\neg A) \times P(\neg A)} \,. \tag{5}$$

Für eine beliebige Anzahl k von sich gegenseitig ausschließenden Aussagen A_i, i = 1, ..., k, von denen eine wahr sein muss, lautet Bayes' Regel demnach

$$P(A_j|B) = \frac{P(B|A_j) \times P(A_j)}{\sum_i P(B|A_i) \times P(A_i)} \,. \tag{6}$$

3.2 Implikationen für den Indizienbeweis anhand von Bayes' Regel

Um Bayes' Regel auf die Rechtsprechung zu beziehen, kann A als die Haupttatsache H und B als Indiz I interpretiert werden. Die ursprüngliche Annahme bezüglich der Wahrscheinlichkeit für die Wahrheit der Haupttatsache H wird also revidiert, wenn das Indiz I beobachtet wird (Thagard 2003, 367).[2] Formal lässt sich dieses formulieren als (vgl. (3) und (5); Fenton/Neil 2011, 121)

$$P(H|I) = \frac{P(I|H) \times P(H)}{P(I)}$$

$$= \frac{P(I|H) \times P(H)}{P(I|H) \times P(H) + P(I|\neg H) \times P(\neg H)} \tag{7}$$

---

[2] Diese Beziehung lässt sich analog zu der beschriebenen Methodik auf mehrere Haupttatsachen H_i, i = 1, ... k, erweitern (Schweizer 2015, 137):

$$P(H_j|I) = \frac{P(I|H_j) \times P(H_j)}{\sum_{i=1}^{k} P(I|H_i) \times P(H_i)}$$

Die A-Posteriori-Wahrscheinlichkeit für die Haupttatsache errechnet sich demnach wie in Abbildung 1 unter Verwendung verbaler Bezeichnungen dargestellt:

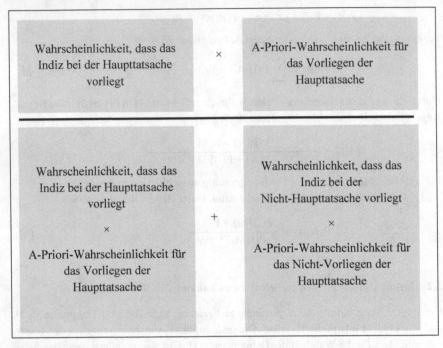

Abbildung 1: Berechnung der A-Posteriori-Wahrscheinlichkeit für die Haupttatsache (in Anlehnung an Bender/Nack 1995, 224)

3.2.1 Beweiskraft eines Indizes als Likelihood-Quotient

Die Beweiskraft eines Indizes ist davon abhängig, wie häufig dieses bei der Haupttatsache vorkommt, formal ausgedrückt als $P(I|H)$, im Verhältnis zu der Häufigkeit des Indizes bei der Nicht-Haupttatsache, also $P(I|\neg H)$ (Evett 1995, 128). Der Quotient dieser beiden Häufigkeiten wird als Likelihood-Quotient bezeichnet, welcher die abstrakte Beweiskraft eines Indizes wiedergibt (Bender/Nack 1995, 227):

$$\text{Likelihood-Quotient} = \frac{P(I|H)}{P(I|\neg H)} \tag{8}$$

Das Indiz ist dabei belastend, erhöht also die Wahrscheinlichkeit für das Vorliegen der Haupttatsache, wenn der Likelihood-Quotient größer als eins ist und entlastend, wenn der Likelihood-Quotient kleiner als eins ist (Schum/Martin 1982, 108). Bei einem Wert des Likelihood-Quotienten von eins oder nahe an eins ist das Indiz neutral und sollte bei der Beweiswürdigung unberücksichtigt bleiben (Fenton et al. 2013, 68). Der Likelihood-Quotient gibt demnach an, wie stark die Berücksichtigung eines Indizes die Überzeugungsbildung beeinflussen sollte (Lempert 1977, 1025). Relevant ist nicht die absolute Zahl der Fälle, in denen das Indiz vorliegt, sondern das Verhältnis von $P(I|H)$ und $P(I|\neg H)$ (Geipel 2013, 236). Die Beweiskraft eines Indizes ist daher immer kontextabhängig, weshalb es wenig sinnvoll erscheint, abstrakte Regeln zur Beweiskraft einzelner Indizien festzulegen (Schweizer 2015, 147).

Folgendes Beispiel in Anlehnung an Schweizer (2015) soll die voranstehenden Erläuterungen verdeutlichen. Angenommen es gäbe zwei Urnen A und B mit jeweils hundert Kugeln, von denen in beiden Urnen siebzig rot und dreißig blau sind. Es soll ermittelt werden, ob eine rote Kugel aus Urne A oder Urne B gezogen wurde. Die Hypothese beziehungsweise Haupttatsache lautet H = Rote Kugel wurde aus Urne A gezogen und das Indiz I ist das Ziehen einer roten Kugel. Gemäß der Berechnung

$$\frac{P(\text{Rote Kugel}|\text{Urne A})}{P(\text{Rote Kugel}|\text{Urne B})} = \frac{0{,}7}{0{,}7} = 1$$

ist der Likelihood-Quotient eins und an der anfänglichen Überzeugung, dass die Kugel aus Urne A gezogen wurde, ändert sich nichts. Sind demgegenüber in Urne A neunzig rote Kugeln und nur zehn blaue Kugeln enthalten, ändert sich der Likelihood-Quotient gemäß nachstehender Berechnung:

$$\frac{P(\text{Rote Kugel}|\text{Urne A})}{P(\text{Rote Kugel}|\text{Urne B})} = \frac{0{,}9}{0{,}7} = 1{,}29$$

Die Wahrscheinlichkeit für das Ziehen einer roten Kugel aus Urne A wird also gestärkt, weshalb das Indiz I als (schwach) diagnostisch für H bezeichnet werden kann. Unter der Annahme, dass sich in Urne B nur noch fünf rote Kugeln befinden, beträgt der Likelihood-Quotient gemäß folgender Berechnung sogar 18, das Indiz I ist also stark diagnostisch für H.

$$\frac{P(\text{Rote Kugel}|\text{Urne A})}{P(\text{Rote Kugel}|\text{Urne B})} = \frac{0{,}9}{0{,}05} = 18$$

Auch die anfängliche Überzeugung, dass die Kugel aus Urne A gezogen wurde, muss sich umso stärker ändern, je deutlicher der Likelihood-Quotient sich (positiv) von eins unterscheidet.

Oftmals reicht allerdings ein einzelnes Indiz nicht aus, um die Haupttatsache zu bewei-
sen, wohingegen die Gesamtschau aller Indizien dies erreichen kann (Baumgärtel et al.
2016, 511). Um die Gesamt-Beweiskraft mehrerer Indizien zu ermitteln, kann der Quotient der Merkmalswahrscheinlichkeiten herangezogen werden, sofern die Indizien voneinander unabhängig sind (Bender/Nack 1995, 229):

$$\frac{\text{Merkmalswahrscheinlichkeit bei der Haupttatsache}}{\text{Merkmalswahrscheinlichkeit bei der Nicht-Haupttatsache}}$$

$$= \frac{P(I_1|H) \times P(I_2|H)}{P(I_1|\neg H) \times P(I_2|\neg H)} \qquad (9)$$

Die Merkmalswahrscheinlichkeit wird hierbei verstanden als die Wahrscheinlichkeit,
dass eine Kombination der Indizien auftritt und errechnet sich mithilfe der Produktregel
aus dem Produkt der Einzelwahrscheinlichkeiten, beziehungsweise der einzelnen Likelihood-Quotienten (Schweizer 2015, 149; Bender/Nack 1995, 229). Eine Voraussetzung
für diese Vorgehensweise ist allerdings, dass die Indizien voneinander unabhängig sind,
da die A-Posteriori-Wahrscheinlichkeit nach Berücksichtigung des ersten Indizes als
Anfangswahrscheinlichkeit bei der anschließenden Einbindung des zweiten Indizes verwendet wird (Lempert 1977, 1042). Um voneinander abhängige Indizien bei der Beweiswürdigung zu berücksichtigen, können die Indizien beispielsweise zu einer Indiz-
familie zusammengefasst und als ein Indiz behandelt werden (Bender/Nack 1995, 230).
Der Likelihood-Quotient ändert sich, so dass die Berücksichtigung des zweiten Indizes,
welches von dem ersten Indiz abhängig ist, nur noch wenig Einfluss auf das Ergebnis
ausübt (Lempert 1977, 1044)

$$\frac{P(I_1 \cap I_2|H)}{P(I_1 \cap I_2|\neg H)} . \qquad (10)$$

3.2.2 Der Beweisring und die Beweiskette beim Indizienbeweis

Bezüglich des Zusammenwirkens von Indizien sind zwei Formen zu unterscheiden, der
Beweisring und die Beweiskette (Baumgärtel et al. 2016, 511). Beim Vorliegen eines
Beweisrings, wie in Abbildung 2 dargestellt, deuten die Indizien unmittelbar auf die
Haupttatsache hin und Bayes' Regel kann angewendet werden (Geipel 2013, 240).

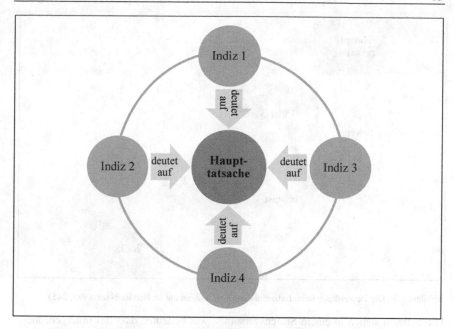

Abbildung 2: Der Beweisring beim Indizienbeweis (in Anlehnung an Bender/Nack 1995, 242)

Die Haupttatsache wird durch mehrere belastende Indizien auf derselben Ebene unterstützt, weshalb die A-Posteriori-Wahrscheinlichkeit für das Vorliegen der Haupttatsache steigt (Bender/Nack 1983, 268).

Im Gegensatz zu dem Beweisring sind die Indizien bei einer Beweiskette in einer hierarchischen Ordnung einander vor- und nachgeordnet (Michels 2000, 7), was in Abbildung 3 veranschaulicht wird.

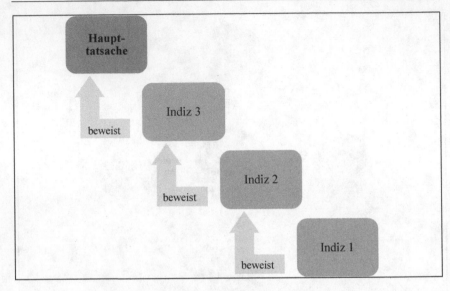

Abbildung 3: Die Beweiskette beim Indizienbeweis (in Anlehnung an Bender/Nack 1995, 245)

Die Indizien stehen in einem Stufenverhältnis, was bedeutet, dass das untergeordnete Indiz auf das unmittelbar übergeordnete Indiz hinweist, bis schließlich das letzte Indiz auf der obersten Ebene unmittelbar auf die Haupttatsache hindeutet (Kopp/Schmidt 2015, 56). Es müssen demnach alle Indizien zwingend vorliegen, um den Beweis führen zu können (Gräns 2002, 150). Für die Beweiskette gilt aufgrund der Unabhängigkeitsannahme die Produktregel, wobei die einzelnen Beweiswerte der Indizien multipliziert werden (Ekelöf 1981, 352-353). Da diese in der Regel kleiner als eins sind, verringert sich die Gesamtwahrscheinlichkeit für den Schluss auf die Haupttatsache (Bender/Nack 1983, 268).

Auch eine Kombination aus einer Beweiskette und einem Beweisring ist möglich. Hierbei ist allerdings zu beachten, dass ein Indiz, wenn dieses mithilfe der Beweiskette festgestellt wurde, innerhalb des Beweisrings für den Schluss auf die Haupttatsache Unsicherheiten unterliegt. Wenn beispielsweise von einem Indiz A mithilfe einer Beweiskette auf ein Indiz B geschlossen wird und Letzteres in einen Beweisring einfließt, darf das Indiz B nicht als vollständig bewiesen betrachtet werden; es sind die Unsicherheiten zu berücksichtigen (Kopp/Schmidt 2015, 56).

3.3 Kritik an Bayes' Regel aus Sicht der Jurisprudenz

Insbesondere in den USA, aber auch in Deutschland und anderen europäischen Ländern, wurde seit den 1970er Jahren die Frage diskutiert, ob die subjektive Wahrscheinlichkeitstheorie und insbesondere Bayes' Regel innerhalb der juristischen Beweiswürdigung Anwendung finden sollte. Dabei sind in der Lehre sowohl Befürworter als auch Gegner vertreten (Schweizer 2015, 169).

Ein wesentlicher Kritikpunkt bezüglich der mathematischen Beweiswürdigung ist das Problem der Zuweisung von numerischen Werten zu Beweismitteln, wie beispielsweise Zeugenaussagen (Habscheid 1990, 111). Bereits Tribe (1971) hatte die Quantifizierung von anfänglichen Vermutungen in Form von Wahrscheinlichkeiten als problematisch und teilweise sogar unmöglich beschrieben (Tribe 1971, 1358). Auch der Bundesgerichtshof, im Folgenden Abgekürzt mit BGH, merkt an, dass die Anwendung von Bayes' Regel keinen Erkenntnisgewinn erbringe, wenn empirische Daten fehlten, sondern vielmehr eine sogenannte Scheingewissheit hervorrufe (BGH 1989, Aktenzeichen VI ZR 232/88). Insbesondere bestehe die Gefahr, Unsicherheiten zu vernachlässigen oder sogenannte weiche Daten, die von einem Sachverständigen nach eigenem Ermessen bewertet würden, unzureichend zu quantifizieren beziehungsweise aufgrund der bestehenden Schwierigkeiten vollständig zu ignorieren (Tribe 1971, 1365; Schweizer 2015, 170).

Weiterhin wird kritisiert, dass die Anwendung von Bayes' Regel in der Rechtsprechung zu subjektiv sei, da die A-Priori-Wahrscheinlichkeiten durch persönliche Annahmen einzelner Richter festgelegt werden (Howson/Urbach 1993, 414). Dadurch entstünden Fehlerquellen in der Praxis in Form von ungenauen Ergebnissen oder fälschlicherweise angenommener Präzision (Tribe 1971, 1359). Diesem Kritikpunkt kann allerdings entgegengehalten werden, dass Fehlerquellen in der Rechtsprechung ohnehin unvermeidbar sind und daher zu überprüfen ist, ob die Anwendung von Bayes' Regel zu einer Verringerung oder einer Zunahme der Anzahl an Fehlern führt. Geipel (2013) vertritt die Ansicht, dass die Anwendung von Bayes' Regel zu einer Abnahme von Fehlern führt. Er argumentiert, dass die geschätzten Wahrscheinlichkeiten ohnehin offengelegt werden müssten und somit die Möglichkeit bestehe, diese durch ein übergeordnetes Gericht überprüfen zu lassen, um Fehler zu entdecken beziehungsweise zu vermeiden (Geipel 2013, 253).

Ein weiterer Kritikpunkt vieler Juristen und Richter bezieht sich auf die Verständnisschwierigkeiten von Bayes' Regel und deren Interpretation. In der juristischen Beweiswürdigung müssten Argumente und Entscheidungen transparent sein, weshalb es nicht sinnvoll erscheine, die Entscheidungsfindung an eine Methodik anzuknüpfen, die Richter gegebenenfalls nicht nachvollziehen und deren Glaubwürdigkeit sie nicht überprüfen können (Tillers 2011, 171).

Schließlich wird vielfach kritisiert, dass Bayes' Regel nicht geeignet sei, die Komplexität von Sachverhalten in der Praxis abzubilden (Schweizer 2015, 186). Die mathematische Berechnung des Gesamtbeweiswerts mehrerer Beweismittel sei nicht möglich, da die gegenseitige Abhängigkeit zu komplex sei (Walter 1979, 179). Auch die zu berücksichtigenden Lebenssachverhalte werden von zahlreichen Aspekten beeinflusst, deren einzelne Betrachtung nicht möglich sei (Berger-Steiner 2008, 265). Ein komplexer juristischer Sachverhalt könne daher nur durch die persönliche Überzeugung des Richters angemessen beurteilt werden (Bruns 1978, 71). Die vorangegangene Diskussion von Beweiskette und Beweisring scheint diese Ansicht zu bestätigen: Schon bei wenigen Indizien ist das Konzept nur noch mit Mühe zu durchschauen, zudem ist es an sehr restriktive (Wahrscheinlichkeits-) Annahmen geknüpft. Diese kritische Argumentation kann zwar nicht vollständig entkräftet werden, allerdings sind Bayessche Netze, welche im folgenden Kapitel ausführlich erläutert werden, durchaus dazu in der Lage, auch komplexe Sachverhalte abzubilden, ohne dabei gegen die Axiome der Wahrscheinlichkeitstheorie und damit die logische Konsistenz zu verstoßen (Schweizer 2015, 187).

4 Bayessche Netze und die Sensitivitätsanalyse

Der folgende Abschnitt setzt sich mit Bayesschen Netzen auseinander. Dabei werden zunächst deren konzeptionelle Grundlagen erläutert, wobei insbesondere auf kausale Netze als Vorstufe zu Bayesschen Netzen und auf die Definition sowie die Eigenschaften von Bayesschen Netzen eingegangen wird. Anschließend erfolgt die Beschreibung des Entstehungsprozesses eines solchen Netzes von der Definition der Variablen und deren Zustände, über die Darstellung der direkten Abhängigkeiten bis hin zur Methodik der Parametrisierung des Bayesschen Netzes. Abschließend wird diskutiert, inwiefern eine Sensitivitätsanalyse genutzt werden kann, um ein Bayessches Netz zu überprüfen.

4.1 Konzeptionelle Grundlagen von Bayesschen Netzen

Bayessche Netze bieten den Vorteil, auch komplexe Sachverhalte, wie sie beispielsweise in der Rechtsprechungspraxis vorkommen, abbilden zu können (Garbolino/Taroni 2002, 149). Sie sind in diesem Zusammenhang insbesondere dann hilfreich, wenn keine anderweitigen probabilistischen Lösungen anwendbar sind (Taroni et al. 2004, 14). Abhängigkeiten zwischen den Variablen und deren Effekte können auch dann dargestellt werden, wenn Unsicherheiten bezüglich der Parameter vorliegen (Juchli et al. 2012, 79). Zudem sind Bayessche Netze in der Lage mit fehlenden Daten umzugehen, indem sowohl individuelles Wissen, zum Beispiel die allgemeine Lebenserfahrung des Richters, als auch die vorhandenen Daten in einem Netz zusammengeführt werden (Heckerman 1995, 1). Bayessche Netze sind zudem flexibel, da das Modell jederzeit ergänzt oder umstrukturiert werden kann, wenn neue Informationen hinzukommen. Die Überprüfung der inneren Kohärenz der Überzeugungsbildung und somit die logische Darstellung von Sachverhalten im Sinne der subjektiven Wahrscheinlichkeitstheorie stellt einen weiteren wesentlichen Vorteil von Bayesschen Netzen dar (Schweizer 2015, 189). Kritische Variablen und Abhängigkeiten oder die Notwendigkeit des Hinzufügens weiterer Variablen können mithilfe eines Bayesschen Netzes evaluiert werden (Garbolino/Taroni 2002, 150). Hierdurch können Denkfehler vermieden und die Rationalität der Überzeugungsbildung sichergestellt werden (Schweizer 2015, 189-190). Weiterhin müssen bei der Erstellung von Bayesschen Netzen die anfänglichen Überzeugungen für die Wahrheit der Tatsachenbehauptungen, die Abhängigkeiten der Indizien untereinander, sowie deren Beweiskraft transparent gemacht werden (Schweizer 2015, 189), wodurch eine intersubjektive Kommunikation erst ermöglicht wird (Taroni et al. 2004, 6). Außerdem können Bayessche Netze dabei helfen, Likelihood-Quotienten auch für Nicht-Mathematiker, zum Beispiel Richter, verständlich zu machen (Fenton/Neil 2011, 148), indem die Bedeutung der Variablen und die genutzten Informationen intuitiv verständlich graphisch dargestellt werden (Garbolino/Taroni 2002, 155).

4.1.1 Kausale Netze als Vorstufe zu Bayesschen Netzen

Kausale Netze bilden die Vorstufe zu Bayesschen Netzen, da hiermit die kausalen Einflüsse von Ereignissen auf andere Ereignisse veranschaulicht werden, wobei allerdings noch keine Quantifizierung dieser Einflüsse vorgenommen wird (Schweizer 2015, 192). Ein kausales Netz setzt sich aus einer Menge an Variablen, sogenannten Knoten, und einer Menge an gerichteten Pfaden, den Kanten, zusammen (Edwards 1991, 1035). Die Kanten repräsentieren dabei die direkten kausalen Einflüsse zwischen den verbundenen Knoten, wobei keine Zyklen innerhalb des Netzes vorhanden sein dürfen (Taroni et al. 2003, 6). Das bedeutet unter anderem, dass die Kausalität zwischen zwei Knoten eindeutig sein muss. Die Variable beziehungsweise der Knoten,[3] von der eine Kante ausgeht, ist demnach die Ursache für die Variable, auf welche die Kante zuläuft und die den Effekt repräsentiert (Mayrhofer 2009, 11). Ein solches kausales Netz wird auch als Direkter Azyklischer Graph, im Folgenden abgekürzt als DAG, bezeichnet (Pearl 1988, 117). Innerhalb eines DAG sind sowohl Eltern- als auch Kindknoten vorhanden. Angenommen in einem Netz führt eine Kante von Knoten X zu Knoten Y: $\boxed{x} \rightarrow \boxed{y}$, so handelt es sich bei dem Knoten X um einen Elternknoten von Y, während der Knoten Y den Kindknoten von X darstellt. Es ist zu beachten, dass ein Knoten einen, mehrere oder keinen Elternknoten haben kann (Hepler et al. 2007, 279). Im angeführten Beispiel ist Y ein Nachkomme von X, ebenso wie alle weiteren Knoten, zu denen ein gerichteter

---

[3] Die Knoten kausaler (Bayesscher) Netze werden allgemein als Variable bezeichnet. Je nach dem Kontext werden die Variablen unterschiedlich definiert, vgl. die folgende Tabelle:

Variable	Bezeichnung	Komplement
Ereignis	A	$\bar{A}$
Aussage	H	$\neg H$
Zufallsvariable	X, z. B. X=1	X≠1

Diese Variablen lassen sich durch geeignete Definitionen ineinander überführen: So kann das Ereignis A: „Die Aussage H ist wahr" bezeichnen sowie X=1 im Falle von A und X=0 im Falle von ¬A definiert werden. Neben der Betrachtung dichotomer Ereignisse können auch mehrdimensionale Ereignisse analysiert werden, die Zufallsvariable X kann dann mehrere Werte annehmen. Auch stetige X sind grundsätzlich zulässig. Die folgende Darstellung beschränkt sich – wie die empirische Anwendung in Kapitel 5 – auf Bayessche Netze mit diskreten Zufallsvariablen.

Pfad von X aus – auch über andere Knoten – führt. Alle Knoten, die sich auf zu einem Knoten führenden Pfad befinden, werden demgegenüber als Vorfahr des entsprechenden Knotens bezeichnet. In dem genannten Beispiel ist X also ein Vorfahr von Y. Knoten ohne Vorfahren werden Wurzelknoten genannt. (Bovens/Hartmann 2006, 72). Wenn eine Variable eine Ergebnismenge wiedergibt, wird diese in der Regel als Zufallsvariable bezeichnet und kann eine beliebige Anzahl an Zuständen aufweisen (Jensen/Nielsen 2007, 26). Sie kann entweder binär sein (die Aussage ist wahr oder falsch), mehrere Werte annehmen (zum Beispiel kann die Anzahl der Vorstrafen eines Angeklagten 1, 2, 3, … betragen) oder kontinuierlich sein (beispielsweise die exakte Anzahl der Sonnenstunden an einem gegebenen Tag) (Huygen 2004, 4). Für die Betrachtung von Bayesschen Netzen wird allerdings vereinfacht von diskreten Variablen mit einer endlichen Zahl von Zuständen ausgegangen (Jensen/Nielsen 2007, 26), so auch im Folgenden.

In einem kausalen Netz können drei Arten von Verbindungen zwischen Knoten vorliegen, die den Informationsfluss innerhalb des Netzes bestimmen: Serielle, divergierende sowie konvergierende Verbindungen (Garbolino/Taroni 2002, 149). In Abbildung 4 wird zunächst eine serielle Verbindung mit den Variablen A, B und C veranschaulicht.

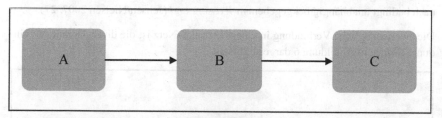

Abbildung 4: Serielle Verbindung in einem kausalen Netz (in Anlehnung an Garbolino/Taroni 2002, 150)

In der dargestellten seriellen Verbindung beeinflusst A den Knoten B, welcher wiederum auf C Einfluss übt. Die Information über den Zustand von A beeinflusst die Gewissheit für C über B. Gleiches gilt in umgekehrter Reihenfolge, wenn also Informationen über den Zustand von C vorliegen, welche die Gewissheit für A via B beeinflussen. Ist allerdings der Zustand von B bekannt, ist der Pfad blockiert und A und C sind (bei gegebenem B) voneinander unabhängig (Juchli et al. 2012, 64). Wenn der Zustand einer Variablen bekannt ist, wird diese Variable instanziiert genannt (Jensen/Nielsen 2007, 26).

Abbildung 5 zeigt ein Beispiel für eine serielle Verbindung, mit den Variablen *Regen* {kein, wenig, mittel, stark}, *Wasserstand* {niedrig, mittel, hoch} sowie *Hochwasser* {wahr, falsch}.

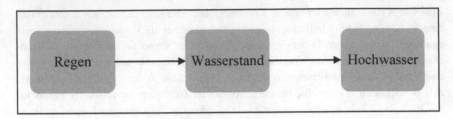

Abbildung 5: Beispiel für eine serielle Verbindung (in Anlehnung an Jensen/Nielsen 2007, 27)

Wenn keine Informationen über den Wasserstand gegeben sind, wird die Information über das Vorliegen von Hochwasser die Gewissheit steigern, dass der Wasserstand hoch ist, was wiederum auf die Menge des Regens schließen lässt. Gleiches gilt in umgekehrter Reihenfolge. Liegt zum Beispiel die Information vor, dass es stark geregnet hat, wird dies die Gewissheit steigern, dass der Wasserstand hoch ist, was auf das Vorhandensein von Hochwasser schließen lässt. Wenn allerdings der Zustand der Variable *Wasserstand* bekannt ist, ändert die zusätzliche Information, dass Hochwasser herrscht, nicht die Überzeugung für den Zustand der Variable *Regen*. *Regen* und *Hochwasser* sind demnach bedingt unabhängig bei gegebenem *Wasserstand* (Jensen/Nielsen 2007, 27).

Die zweite mögliche Verbindung in einem kausalen Netz ist die divergierende Verbindung, welche in Abbildung 6 dargestellt ist.

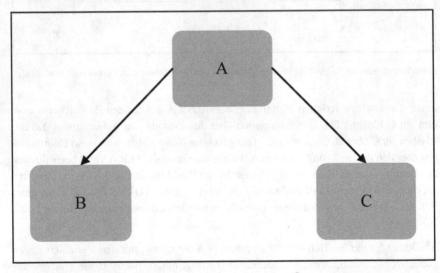

Abbildung 6: Divergierende Verbindung in einem kausalen Netz (Garbolino/Taroni 2002, 150)

In der abgebildeten Verbindung beeinflusst die Ursache A sowohl den Effekt B als auch den Effekt C. Es können Informationen zwischen den Kindern von A, also B und C, verbreitet werden, solange der Zustand von A nicht bekannt ist. Wird A instanziiert, sind B und C bedingt unabhängig voneinander und der Pfad ist blockiert (Meder 2006, 30-31).

Das folgende in Abbildung 7 gezeigte Beispiel mit den Variablen *Regen* {kein, wenig, mittel, stark}, *Straße nass* {wahr, falsch} und *Wasserstand* {niedrig, mittel, hoch} soll dies verdeutlichen.

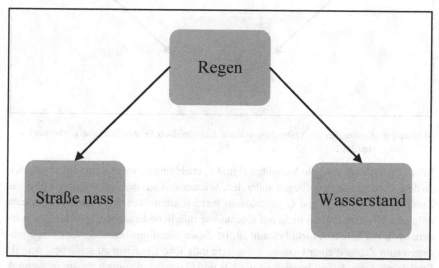

Abbildung 7: Beispiel für eine divergierende Verbindung (in Anlehnung an Schweizer 2015, 196)

Wenn bekannt ist, dass die Straße nass ist, kann daraus die Wahrscheinlichkeit für den Zustand der Variable *Regen* abgeleitet werden, welches wiederum darauf schließen lässt, dass der Wasserstand hoch ist. Ist allerdings der Zustand der Variable *Regen* bekannt, hat das Wissen, dass die Straße nass ist, keinen Einfluss mehr auf die Überzeugung für die Höhe des Wasserstandes. Dieser wird durch den Regen bestimmt und nicht durch die Nässe der Straße. Die Variablen *Wasserstand* und *Straße nass* sind also bedingt unabhängig bei Instanziierung der Variablen *Regen* (Schweizer 2015, 196).

Die letzte der drei Verbindungen in einem kausalen Netz wird konvergierende Verbindung genannt und ist in Abbildung 8 veranschaulicht.

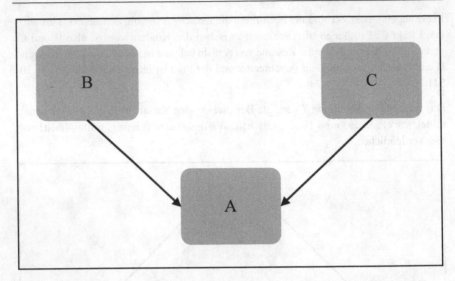

Abbildung 8: Konvergierende Verbindung in einem kausalen Netz (in Anlehnung an Garbolino/Ta-
roni 2002, 150)

In der Darstellung sind die Variablen B und C unabhängig, wenn keine Informationen
zu dem Zustand von A vorliegen außer dem Wissen, das aus den Informationen über die
Zustände der Eltern B und C geschlossen werden kann. Aus der Kenntnis über eine
mögliche Ursache B kann nicht auf eine andere mögliche Ursache C geschlossen werden, wenn der Effekt A nicht bekannt ist. Ist dieser allerdings bekannt, helfen Informationen zum Zustand einer Ursache auf andere mögliche Ursachen zu schließen, was als
Explaining Away Effekt bezeichnet wird. B und C werden demnach abhängig, wenn A
instanziiert wird, und der Pfad wird aktiviert (Juchli et al. 2012, 64).

Das folgende Beispiel in Abbildung 9 soll die konvergierende Verbindung verdeutlichen. Neben den bereits erläuterten Variablen *Regen* und *Straße nass*, wird in dem Bei-
spielnetz die Variable *Wasserrohrbruch* {wahr, falsch} ergänzt.

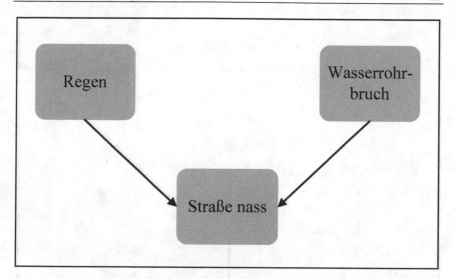

Abbildung 9: Beispiel für eine konvergierende Verbindung (in Anlehnung an Schweizer 2015, 197)

In dem vorliegenden Beispiel sei bekannt, dass die Straße nass ist, wofür es die zwei Gründe „Regen" oder „Wasserrohrbruch" geben kann. Angenommen es sei nun bekannt, dass es geregnet hat, sinkt die Überzeugung dafür, dass die Straße aufgrund eines Wasserrohrbruchs nass ist, da der Regen bereits eine ausreichende Erklärung für die Nässe der Straße liefert (Schweizer 2015, 197).

Über eine konvergierende Verbindung wird allerdings nicht nur Information verbreitet, wenn die verbindende Variable, sondern auch, wenn eine ihrer Nachkommen instanziiert ist. Es ist hierbei zwischen hard evidence und soft evidence zu unterscheiden: Wird eine Variable instanziiert, wird dieses als hard evidence bezeichnet. Ändert sich die Überzeugung über den Zustand einer Variablen, wobei der wahre Zustand der Variable nicht bekannt ist, wird dieses als soft evidence bezeichnet (Jensen/Nielsen 2007, 29).

Um dies zu verdeutlichen, wird im vorherigen Beispiel aus Abbildung 9 die Variable *Abrollgeräusch* {nass, trocken} in Abbildung 10 ergänzt.

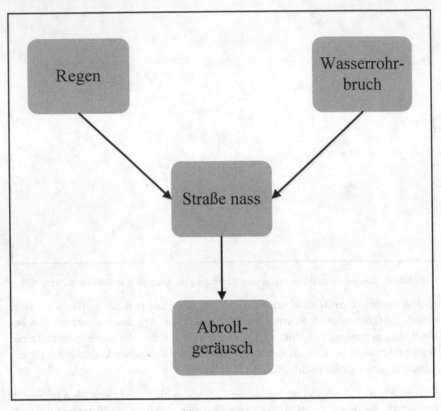

Abbildung 10:   Erweitertes Beispiel für eine konvergierende Verbindung (in Anlehnung an Schweizer
                2015, 197)

Sind die Abrollgeräusche der vorbeifahrenden Autos zu hören, anhand derer abgeleitet
wird, dass die Straße nass ist, ohne dass der tatsächliche Zustand der Straße bestimmt
werden kann, liegt hard evidence bezüglich des Knotens *Abrollgeräusch* und soft evidence bezüglich der Variable *Straße nass* vor. Auch in diesem Fall wird sich allerdings
die Überzeugung, dass die Straße aufgrund eines Wasserrohrbruchs nass ist, verringern,
wenn bekannt wird, dass es geregnet hat. Im Vergleich zu dem Beispiel aus Abbildung
9 minimiert sich die Überzeugung für den Wasserrohrbruch als Ursache aber aufgrund
der soft evidence bezüglich der Variable *Straße nass* weniger stark (Schweizer 2015,
198).

Der Informationsfluss zwischen miteinander verbundenen Variablen kann demnach blockiert oder aktiviert werden, was als D-Separierung beziehungsweise D-Verbundenheit

bezeichnet wird (Hamelryck 2012, 36; Charniak 1991, 54). In seriellen und divergieren-
den Verbindungen wird ein Pfad als D-separiert bezeichnet, wenn die verbindende Variable instanziiert ist (Taroni et al. 2004, 7). In konvergierenden Verbindungen liegt dagegen D-Separierung vor, solange die verbindende Variable oder einer ihrer Nachkommen nicht instanziiert wird (Jensen/Nielsen 2007, 30).

4.1.2 Definition und Eigenschaften von Bayesschen Netzen

Bei einem Bayesschen Netz handelt es sich um einen DAG, wobei für jeden Knoten A
mit Vorgängern B_1, ..., B_n bedingte Wahrscheinlichkeitsverteilungen in Form von
Wahrscheinlichkeitstabellen explizit hinzugefügt werden (Bovens/Hartmann 2006, 73;
Neapolitan/Morris 2004, 378). Diese geben die Stärke des kausalen Einflusses der Elternknoten B_1, ..., B_n auf A wieder (Darwiche 2009, 9). Für Wurzelknoten ohne Eltern
werden die unbedingten Wahrscheinlichkeitsverteilungen verwendet (Garbolino/Taroni
2002, 150). Um eine korrekte Abbildung der Wirklichkeit zu erlangen, müssen alle direkten Abhängigkeiten erfasst werden, indem die Variablen B_1, ..., B_n, die einen direkten Einfluss auf die Variable A haben, durch eine gerichtete Kante mit dieser verbunden
werden (Schweizer 2015, 201). Ist die Bedingung erfüllt, lässt sich die vollständige gemeinsame Wahrscheinlichkeitsverteilung in komprimierter Form darstellen (Mayrhofer
2009, 12).

Als Wahrscheinlichkeitsverteilung einer Variablen wird die Wahrscheinlichkeit für jeden möglichen Zustand der Variablen verstanden, wobei sich die Zustände einer Variablen gegenseitig ausschließen und erschöpfend sein müssen. Eine Variable kann sich
also zu einem gegebenen Zeitpunkt lediglich in einem Zustand befinden, muss allerdings auch einen der möglichen Zustände annehmen (Jensen/Nielsen 2007, 7). Aus diesem Grund müssen sich Wahrscheinlichkeiten über eine einzige Variable zu eins sum-
mieren (Juchli et al. 2012, 63). Die Wahrscheinlichkeitsverteilung zweier Variablen, bei
der die Menge aller Kombinationen der Zustände dieser beiden Variablen herangezogen
wird, wird als vollständige gemeinsame Wahrscheinlichkeitsverteilung dieser Variablen
bezeichnet (Russell/Norvig 2012, 577). Die gemeinsame Wahrscheinlichkeitsverteilung
$P(A \cap B)$ lässt sich beispielsweise durch eine Tabelle mit n × m Einträgen definieren,
wobei A die Zustände $\{a_1, a_2, ..., a_n\}$ und B die Zustände $\{b_1, b_2, ..., b_n\}$ annehmen
kann. Auch die gemeinsame Wahrscheinlichkeitsverteilung für eine beliebige Menge an
Variablen summiert sich stets zu eins (Charniak 1991, 55; Fahrmeir 2016, 213). Die
Wahrscheinlichkeitstabelle wächst allerdings exponentiell mit der Anzahl an Variablen,
wodurch eine Berechnung der gemeinsamen Wahrscheinlichkeitsverteilung mehrerer
Variablen nur mit wenigen Variablen möglich ist (Meder 2006, 34). Alternativ können

bedingte Wahrscheinlichkeiten herangezogen werden, aus denen wiederum die gemeinsame Wahrscheinlichkeitsverteilung abgeleitet wird (Schweizer 2015, 202). Nach wie-
derholter Anwendung der Produktregel folgt die Kettenregel, wodurch sich jede gemeinsame Wahrscheinlichkeitsverteilung als Produkt von bedingten Wahrscheinlichkeiten darstellen lässt (Meder 2006, 34). Die gemeinsame Wahrscheinlichkeitsverteilung der drei Variablen A, B und C lässt sich beispielsweise formulieren als (Schweizer
2015, 203)

$$P(A \cap B \cap C) = P(C|A \cap B) \times P(B|A) \times P(A) \tag{11}$$

und es gilt in verallgemeinerter Form für n Variablen (Ertel 2009, 134)

$$P(X_1, \ldots, X_n) = \prod_{i=1}^{n} P(X_i|X_1, \ldots, X_{i-1}) . \tag{12}$$

Problematisch ist bei dieser Vorgehensweise allerdings, dass die Kettenregel auf jede
beliebige Reihenfolge der Variablen angewendet werden kann. Jede Variable wird demnach in Übereinstimmung mit der gewählten Reihenfolge auf alle seine Vorgänger konditioniert (Meder 2006, 34). Bayessche Netze bieten hier den Vorteil, dass sie die sogenannte Markov-Bedingung erfüllen (Al-Hames 2008, 18), die besagt, dass eine beliebige Variable eines Bayesschen Netzes auf seine direkten Vorgänger konditioniert ist,
unabhängig von allen anderen Variablen des Netzes, die keine Nachfolger dieser Variablen sind (Mayrhofer 2009, 11). Für die Berechnung der Wahrscheinlichkeit des Zustandes einer Variablen sind daher nicht alle anderen Variablen notwendig, sondern lediglich die direkten Ursachen, also die Elternknoten dieser Variablen (Meder 2006, 34-
35). Die gemeinsame Wahrscheinlichkeitsverteilung lässt sich daher für ein Bayessches
Netz vereinfachen zu (Ertel 2009, 171)

$$
\begin{aligned}
P(X_1, \ldots, X_n) &= \prod_{i=1}^{n} P(X_i|X_1, \ldots, X_{i-1}) \\
&= \prod_{i=1}^{n} P(X_i|\text{Eltern}(X_i)),
\end{aligned}
\tag{13}
$$

wobei Eltern(X_i) dabei diejenigen Variablen repräsentiert, welche Elternknoten von X_i
darstellen (Taroni et al. 2004, 7). Aufgrund dieser Vereinfachung wird sowohl die Komplexität der Berechnung als auch die Anzahl der relevanten Wahrscheinlichkeiten redu-
ziert (Juchli et al. 2012, 64).

Bezüglich der in Abschnitt 4.1.1 vorgestellten Verbindungsarten in Bayesschen Netzen
lässt sich die Kettenregel unter Berücksichtigung der Markov-Bedingung daher formal
wie folgt darstellen (Mayrhofer 2009, 12). Für eine serielle Verbindung gilt:

$$P(A \cap B \cap C) = P(A) \times P(B|A) \times P(C|B), \tag{14}$$

für eine divergierende Verbindung gilt

$$P(A \cap B \cap C) = P(A) \times P(B|A) \times P(C|A) \tag{15}$$

und für eine konvergierende Verbindung gilt

$$P(A \cap B \cap C) = P(A|B \cap C) \times P(B) \times P(C). \tag{16}$$

In der Arbeit dienen die vorangestellten Ausführungen vorwiegend dem Verständnis der zugrundeliegenden Logik in Bayesschen Netzen. Für die Erstellung des Bayesschen Netzes zum Strafprozess gegen Kachelmann wird eine Software verwendet, mit der die gemeinsamen Wahrscheinlichkeitsverteilungen berechnet werden können.

4.2   Erstellung eines Bayesschen Netzes

Im Folgenden wird erläutert, welche Aspekte bei der Erstellung eines Bayesschen Netzes zu beachten sind. Hierbei werden die drei Phasen (1.) der Definition der Variablen und deren Zustände, (2.) der Darstellung der direkten Abhängigkeiten sowie (3.) der Parametrisierung des Netzes voneinander abgegrenzt.

4.2.1   Definition der Variablen und deren Zustände

Um ein Bayessches Netz zu erstellen, müssen zunächst die Variablen definiert werden, wobei zwischen Hypothesen-, Informations- und verdeckten Variablen unterschieden wird (Schweizer 2015, 212). Hypothesenvariablen bezeichnen Variablen, deren wahre Zustände nicht bekannt sind, die allerdings für die Beweiswürdigung nicht außer Acht gelassen werden dürfen (Taroni et al. 2004, 8). Im Gegensatz dazu sind Informationsvariablen beobachtbar, indem geeignete Beweismittel herangezogen werden, die von dem Richter unmittelbar eingesehen werden können (Jensen/Nielsen 2007, 51-52). Als verdeckte Variablen werden solche bezeichnet, deren Zustände zwar nicht beobachtet werden können, von denen allerdings angenommen wird, dass sie in die kausale Kette, welche Hypothesen- und Informationsvariablen verbindet, einbezogen werden sollten. Sie werden demnach ebenso wie die Informationsvariablen von den Hypothesenvariablen bewirkt (Schweizer 2015, 212-213; Darwiche 2009, 84-85).

Verdeckte Variablen müssen nicht notwendigerweise in das Bayessche Netz integriert werden, wenn sie lediglich einen einzigen Kindknoten haben. Mögliche Ursachen können in diesem Fall in einer Likelihood zusammengefasst werden. Sie sollten allerdings berücksichtigt werden, sobald sie mindestens zwei Kinder aufweisen, da das Modell ansonsten an Genauigkeit verliert (Darwiche 2009, 91). Für die Integration verdeckter Variablen spricht zudem, dass sie Quellen von Unsicherheit aufdecken, die leicht übersehen werden können (Kadane/Schum 1997, 168). Um das Bayessche Netz allerdings nicht unnötig aufzugliedern und somit zu verkomplizieren, werden von Fenton et al. (2004) sogenannte Idiome herangezogen. Diese beinhalten wiederkehrende kausale Strukturen und Argumente innerhalb der Beweiswürdigung, wobei für diese Arbeit insbesondere die Idiome zur Genauigkeit von Beweismitteln sowie zur Gelegenheit und zum Motiv eines Angeklagten von Interesse sind.

Für das Idiom der Genauigkeit eines Beweismittels wird angenommen, dass es grundsätzlich mit Unsicherheit behaftet ist, was in einem Bayesschen Netz Berücksichtigung finden muss. Daher wird, wie in Abbildung 11 dargestellt, ein zusätzlicher Elternknoten des Beweismittel-Knotens eingefügt, der diese Unsicherheit wiederspiegelt (Fenton et al. 2013, 75).

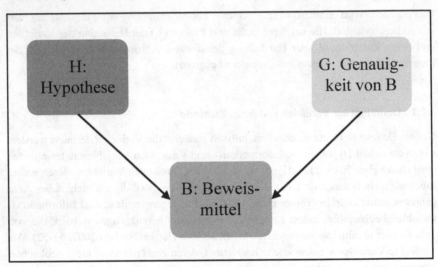

Abbildung 11:   Idiom zur Berücksichtigung der Genauigkeit von Beweismitteln (in Anlehnung an
                Fenton et al. 2013, 75)

Das Beweismittel ist dabei sowohl abhängig von der Hypothese als auch von der generellen Genauigkeit des Beweismittels. Je zuverlässiger das Beweismittel, desto mehr stimmen die Zustände der Hypothesenvariablen und der Genauigkeitsvariablen überein (Fenton et al. 2013, 75). Im Falle von Zeugenaussagen kann das Idiom als Zuverlässigkeitsvariable dargestellt werden, die in Form dreier Elternknoten von der Objektivität eines Zeugen, seiner Kompetenz sowie seiner Wahrhaftigkeit beeinflusst wird (Hepler et al. 2007, 284).

Die beiden Idiome zur Gelegenheit und zum Motiv des Angeklagten bilden Elternknoten des Hypothesenknotens (Fenton et al. 2013, 80). Unter Gelegenheit wird dabei die Voraussetzung verstanden, dass der Angeklagte zum Tatzeitpunkt die Möglichkeit hatte, die Tat zu begehen, wie beispielsweise durch seine Anwesenheit am Tatort (Fenton et al. 2013, 78). Ein Motiv beschreibt dagegen die Intention beziehungsweise den Vorsatz eine Tat aus einem bestimmten Grund zu begehen. Dessen Vorliegen erhöht die Wahrscheinlichkeit, dass der Angeklagte der Täter ist (Stratenwerth/Kuhlen 2011, § 8, Rn. 142). Die Integration dieser beiden Idiome in ein Bayessches Netz ist in Abbildung 12 dargestellt.

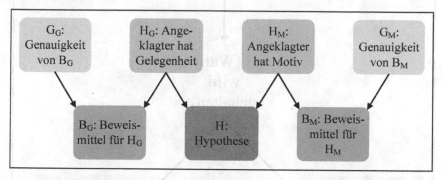

Abbildung 12:   Bayessches Netz mit den Idiomen Gelegenheit und Motiv (in Anlehnung an Fenton et al. 2013, 80)

Es kann festgestellt werden, dass nun nicht mehr die unbedingte A-Priori-Wahrscheinlichkeit der Hypothesenvariablen ermittelt werden muss, da diese durch die Gelegenheitsvariable sowie die Motivvariable, welche ebenfalls als Hypothesen bezeichnet werden, bedingt wird. Stattdessen müssen die unbedingten A-Priori-Wahrscheinlichkeiten für die Gelegenheitsvariable und die Motivvariable festgelegt werden, welche wiederum mithilfe von Beweismitteln belegt werden. Ferner können auch in diesem Bayesschen Netz die bereits zuvor erläuterten Idiome für die Genauigkeit der Beweismittel (hier für die Genauigkeit der Gelegenheitsvariablen sowie der Motivvariablen) eingefügt werden (Fenton et al. 2013, 78-80).

Ein Bayessches Netz bietet zudem die Möglichkeit, sogenannte redundante Beweismittel abzubilden, wodurch verhindert wird, dass diese doppelt gewichtet werden. Redundante Beweismittel können sowohl bestätigend redundant als auch kumulativ redundant sein (Schweizer 2015, 223). Bestätigend redundante Beweismittel stützen die Wahrheit einer Tatsachenbehauptung, die bereits mit hoher Wahrscheinlichkeit vorliegt (Schweizer 2015, 222; Lempert 1977, 1045). In Abbildung 13 ist beispielhaft abgebildet wie ein bestätigend redundantes Beweismittel in ein Bayessches Netz eingebunden werden kann.

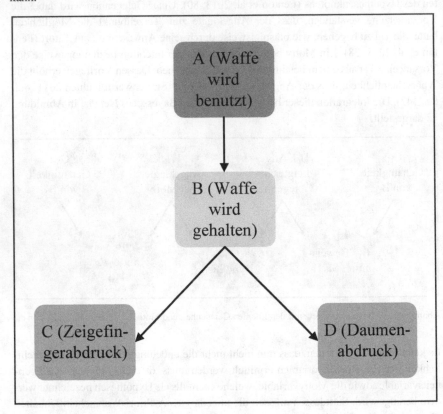

Abbildung 13: Bestätigend redundante Beweismittel in einem Bayesschen Netz (in Anlehnung an Schweizer 2015, 222)

Auf einer Tatwaffe wird ein Zeigefingerabdruck C eines Verdächtigen gefunden, was dafür spricht, dass der Verdächtige die Waffe verwendet hat. Nun wird ebenfalls ein Daumenabdruck D des Verdächtigen auf derselben Waffe gefunden. Zu beachten ist, dass der Daumenabdruck die Wahrscheinlichkeit, dass der Verdächtige die Tatwaffe benutzt hat, nicht so stark erhöht wie das vorherige Vorfinden des Zeigefingerabdrucks, da es wahrscheinlich ist, einen weiteren Fingerabdruck zu finden, wenn bereits ein Fingerabdruck festgestellt werden konnte. Grund hierfür ist, dass beide Folgen C und D die gleiche Ursache B, der Verdächtige hält die Waffe, haben. Diese lässt wiederum einen Rückschluss auf die Haupttatsache A zu, wonach der Verdächtige die Waffe verwendet hat (Schweizer 2015, 222).

Auch kumulativ redundante Beweismittel dürfen nicht doppelt gewichtet werden, weil sie die gleiche Tatsache stützen (Schweizer 2015, 222; Schum/Martin 1982, 142). Eine Tatsachenbehauptung A wird durch das Indiz C belegt. Das Vorliegen von A macht allerdings die Behauptung B wahrscheinlich, welche wiederum die Wahrscheinlichkeit für die Tatsache D erhöht (Schweizer 2015, 222). Das Beispiel in Abbildung 14 soll dies verdeutlichen.

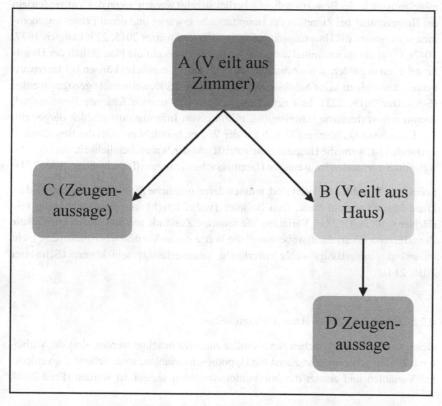

Abbildung 14: Kumulativ redundante Beweismittel in einem Bayesschen Netz (in Anlehnung an Schweizer 2015, 222)

Ein Zeuge C sagt aus, dass er einen Verdächtigen V kurz nach dem Zeitpunkt der Tat aus dem Zimmer, in dem die Tat verübt wurde, eilen sah. Ein weiterer Zeuge D bestätigt, den Verdächtigen kurz darauf aus dem entsprechenden Haus gehen gesehen zu haben. Beide Zeugenaussagen stützen hierbei dieselbe Behauptung, dass der Verdächtige sich kurz nach der Tat vom Tatort entfernt hat, da die Tatsache A – eine Person eilt aus einem Zimmer – die Wahrscheinlichkeit für die Tatsache B – diese Person eilt kurz darauf aus dem Haus – deutlich erhöht (Schweizer 2015, 223).

Unter fehlenden Beweismitteln werden Indizien verstanden, die erwartet, aber entweder nicht gefunden oder nicht vorgelegt werden (Taroni et al. 2004, 11). Fehlende Beweismittel müssen in der Beweiswürdigung berücksichtigt werden, wenn das Vorhandensein der Beweismittel bei Zutreffen der Haupttatsache erwartet und deren Fehlen angenommen wird, sofern die Haupttatsache nicht zutrifft (Schweizer 2015, 223; Lempert 1977, 1047). Liegt ein Beweismittel nicht vor, ist der Einfluss auf die Plausibilität der Haupttatsache umso größer, je unerwarteter das Fehlen ist. Umgekehrt können bei Unerwartbarkeit desselbigen keine Schlüsse aus dem Fehlen des Beweismittels gezogen werden (Schweizer 2015, 223). In einem Bayesschen Netz werden fehlende Beweismittel, ebenso wie vorhandene Beweismittel, mithilfe von Informationsvariablen dargestellt. Der Likelihood-Quotient ergibt sich aus der Wahrscheinlichkeit, dass das Beweismittel vorhanden ist, wenn die Haupttatsache zutrifft und der Wahrscheinlichkeit, dass das Beweismittel vorhanden ist, wenn die Haupttatsache nicht zutrifft (Schweizer 2015, 224).

Sobald die Variablen definiert sind, müssen deren mögliche Zustände festgelegt werden. Diese können sowohl binär, zum Beispiel {wahr, falsch}, als auch mehrwertig sein (Hepler et al. 2007, 281). Variablen, die mehrere Zustände annehmen können, sind die Zuverlässigkeitsvariablen, wobei mögliche Werte dieser Variablen beispielsweise {sehr zuverlässig, zuverlässig, wenig zuverlässig, unzuverlässig} sein können (Schweizer 2015, 214).[4]

4.2.2 Darstellung der direkten Abhängigkeiten

Beim Aufbau des Bayesschen Netzes sollte zunächst beachtet werden, dass die Variablen kausal angeordnet, also zuerst die Hypothesenvariablen, anschließend die verdeckten Variablen und zuletzt die Informationsvariablen abgebildet werden (Ertel 2009,

---

[4] Auch kontinuierliche Zustände sind denkbar, wobei diese in der vorliegenden Arbeit außer Acht gelassen werden, da hierfür spezielle Algorithmen und Tools verwendet werden müssen (Fenton et al. 2013, 76), vgl. 4.1.1 und Fußnote 3.

172). Im Folgenden werden die Variablen durch Pfeile miteinander verbunden, wobei diese die kausalen Einflüsse der Elternvariablen auf ihre Kinder darstellen (Taroni et al. 2004, 7). Dadurch wird gewährleistet, dass die kausalen Abhängigkeiten korrekt abgebildet sind, ohne zusätzliche Pfade einfügen zu müssen, die lediglich eine Korrelation zweier Variablen anstatt kausaler Beziehungen zwischen diesen Variablen abbilden (Jensen/Nielsen 2007, 73). Problematisch ist hierbei allerdings, dass kausale Beziehungen nicht immer offensichtlich und auch die zugrundeliegenden Konzepte noch nicht ausgereift sind (Jensen/Nielsen 2007, 60). In vielen Sachverhalten werden daher Generalisierungen herangezogen, die sich auf die allgemeine Lebenserfahrung stützen. Es findet ein Rückgriff auf subjektives Wissen statt, das bereits in ähnlichen Situationen erworben wurde (Meder 2006, 45). Zu beachten ist außerdem, dass in dem Modell nur die wesentlichen Einflüsse abgebildet werden sollten, da es ansonsten an analytischer Präzision verliert (Schweizer 2015, 216).

4.2.3 Parametrisierung des Netzes

Im Anschluss an das Einfügen der Pfade in das Bayessche Netz müssen die bedingten Wahrscheinlichkeitsverteilungen in Form von bedingten Wahrscheinlichkeitstabellen ermittelt werden (Thagard 2003, 369). Variablen ohne Elternknoten werden unbedingte Wahrscheinlichkeitstabellen zugewiesen (Schweizer 2015, 217). Diese enthalten die A-Priori-Wahrscheinlichkeiten über den Zustand der Variablen, während alle Kindknoten die bedingten A-Priori-Wahrscheinlichkeiten bezogen auf ihre Eltern beinhalten (Huygen 2004, 6). In Bezugnahme auf die Rechtsprechung spiegelt die A-Priori-Überzeugung des Richters dessen gesamtes Wissen über die Welt vor der Beweisaufnahme wieder (Schweizer 2015, 217). Die Likelihoods in den bedingten Wahrscheinlichkeitstabellen können entweder durch wissenschaftliche Theorien, subjektive Überzeugungen oder die Verwendung statistischer Daten erlangt werden (Darwiche 2009, 85). Wissenschaftliche Theorien werden beispielsweise in Vaterschaftsprozessen bei der Erstellung von DNA-Gutachten herangezogen (Schweizer 2015, 218), während bei subjektiven Schätzungen auf Meinungen von Experten eines bestimmten Fachgebietes zurückgegriffen werden kann (Garbolino/Taroni 2002, 150).

Nach der Zuweisung der Wahrscheinlichkeiten zu den Variablen erfolgt schließlich die Abfrage des Netzes, wobei diejenigen Variablen instanziiert werden, deren Zustand beobachtbar ist (Schweizer 2015, 219-220). Ziel der Abfrage ist, die A-Posteriori-Wahrscheinlichkeiten unter gegebenen Beweismitteln zu ermitteln (Thagard 2003, 370). Hierfür werden in der Regel Computerprogramme verwendet, da eine manuelle Berechnung oftmals zu aufwendig ist (Fenton et al. 2013, 70).

4.3 Überprüfung des Modells mithilfe der Sensitivitätsanalyse

Wie bereits in Abschnitt 3.3 aufgeführt, wird an der Anwendung von Bayes' Regel in der Rechtsprechung häufig kritisiert, dass die Festlegung der A-Priori-Wahrscheinlichkeiten zu subjektiv sei. Es könne eine Vielzahl von Annahmen getroffen werden, was unter Umständen zu unterschiedlichen Ergebnissen führe. Ein Bayessches Netz bietet die Möglichkeit, mithilfe der sogenannten Sensitivitätsanalyse verschiedene Annahmen zu überprüfen sowie den Einfluss einer Veränderung von Parametern auf das Ergebnis festzustellen (Fenton/Neil 2011, 135). Zudem kann die Stärke und somit die Relevanz eines Beweismittels für die Haupttatsache hiermit gemessen werden, wobei ein Beweismittel als relevant bezeichnet wird, wenn neue Informationen zu dem Beweismittel eine Veränderung der Wahrscheinlichkeit bezüglich der Wahrheit der Haupttatsache hervorrufen (Levitt/Blackmond Laskey 2001, 1722). Die Sensitivitätsanalyse lässt sich unterteilen in die einstufige und die mehrstufige Analyse. Die einstufige Sensitivitätsanalyse gibt Aufschluss darüber, welchen Einfluss die Änderung eines einzelnen Parameters beziehungsweise eines Beweismittels auf das Ergebnis respektive die Haupttatsache hat (Biedermann/Taroni 2006, 165). Im Gegensatz dazu kann mit der mehrstufigen Sensitivitätsanalyse ermittelt werden, welchen Effekt die gleichzeitige Veränderung mehrerer Parameter beziehungsweise Beweismittel auf das Ergebnis respektive die Haupttatsache ausübt (Biedermann/Taroni 2006, 167).

Die Sensitivitätsanalyse gibt Aufschluss darüber, welche Annahmen den größten Einfluss auf die Zustände der Hypothesenvariablen haben, anhand dessen entschieden wird, ob es lohnenswert ist, weitere Ressourcen für eine empirisch besser fundierte Annahme zu den Likelihoods einzusetzen (Schweizer 2015, 247). Dabei gilt, dass Änderungen der Wahrscheinlichkeiten eines Parameters im mittleren Wahrscheinlichkeitsbereich einen geringen Einfluss auf die Hypothesenvariable haben, während sogar kleine Änderungen eines Parameters im Extrembereich, also nahe null oder eins, einen starken Einfluss auf die Hypothesenvariable haben können. Gleichzeitig sind extreme Hypothesenvariablen robuster, reagieren also weniger stark auf Parameteränderungen als Hypothesenvariablen im mittleren Wahrscheinlichkeitsbereich. Nachteilig bezüglich der Robustheit der Abfrage gegenüber Parameteränderungen sind daher Bayessche Netze mit Hypothesenvariablen im mittleren Wahrscheinlichkeitsbereich und Informationsvariablen, die extrem parametrisiert sind (Chan/Darwiche 2002, 273-274). In juristischen Sachverhalten liegen die Hypothesenvariablen im mittleren Wahrscheinlichkeitsbereich, da bei umstrittenen Haupttatsachen in der Regel kein Extremwert erreicht werden kann. Die Informationsvariablen müssen sich allerdings nicht zwingend im extremen Wahrscheinlichkeitsbereich befinden, sondern können auch mittlere Werte annehmen (Schweizer 2015, 245).

Formal kann dieses gezeigt werden, indem nicht die absoluten Änderungen eines Parameters $|p-q|$ herangezogen werden, mit p als derzeitigem Wert und q als neuem Wert des Parameters, sondern die relative Veränderung des Logarithmus der Chancen $|\ln\frac{q}{1-q}-\ln\frac{p}{1-p}|$ (Automated Reasoning Group 2004-2010a, o. S.). Eine Änderung der absoluten Wahrscheinlichkeit von 0,5 um 0,15 auf 0,35 entspricht beispielsweise einer relativen Änderung des Logarithmus der Chancen von 0,77, während dieselbe absolute Änderung im Extrembereich von 0,16 auf 0,01 (als um absolut ebenfalls 0,15) einer relativen Änderung des Logarithmus der Chancen von 2,94 entspricht.

Das folgende Beispiel aus Darwiche (2009) soll das Konzept der Sensitivitätsanalyse verdeutlichen. Einige Wochen nach der Befruchtung einer Kuh können drei verschiedene Tests durchgeführt werden, um die Trächtigkeit festzustellen: Ein sogenannter Scanning-Test, ein Bluttest sowie ein Urintest. Der Scanning-Test ergibt zu einem Prozent ein falsches positives und zu zehn Prozent ein falsches negatives Testergebnis.[5] Sowohl der Blut- als auch der Urintest sind abhängig vom Progesteron-Level. Dieses wird durch den Bluttest zu zehn Prozent falsch positiv und zu dreißig Prozent falsch negativ erkannt. Auch der Urintest ermittelt Progesteron zu zehn Prozent falsch positiv und zu zwanzig Prozent falsch negativ. Die Wahrscheinlichkeit, Progesteron bei einer Trächtigkeit festzustellen, liegt bei neunzig Prozent, zu einem Prozent wird Progesteron erkannt, obwohl keine Trächtigkeit vorliegt. Die Wahrscheinlichkeit dafür, dass die Kuh durch die Befruchtung trächtig wird, beträgt 87 Prozent. Das Bayessche Netz zu diesem Beispiel mit den dazugehörigen bedingten Wahrscheinlichkeiten ist in Abbildung 15 dargestellt.

---

[5] Beispiel: Die genannten Wahrscheinlichkeiten determinieren die zum Knoten *Scanning-Test* gehörende Wahrscheinlichkeitsverteilung, die tabellarisch folgende Gestalt hat:

Scanning-Test	Trächtigkeit	
	ja	nein
positiv	0,9	0,01
negativ	0,1	0,99

Diese Verteilung dient dann als Input im Bayesschen Netz, vgl. Abbildung 15.

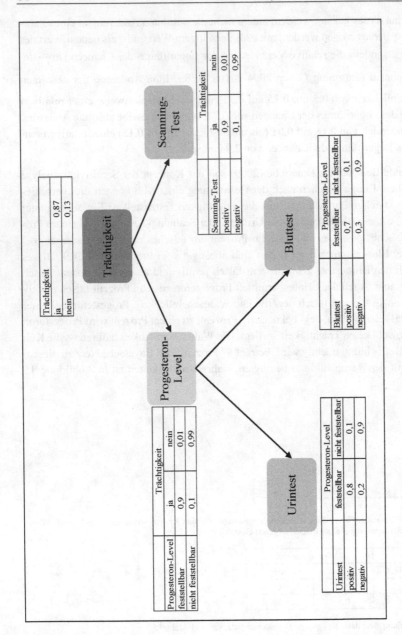

Abbildung 15: Bayessches Netz mit bedingten Wahrscheinlichkeiten am Beispiel der Kuhträchtigkeit (in Anlehnung an Darwiche 2009, 87-88)

Das Bayessche Netz beinhaltet die Hypothesenvariable *Trächtigkeit*, die verdeckte Variable *Progesteron-Level* und die drei Informationsvariablen *Scanning-Test*, *Urintest* und *Bluttest*. Die Knoten *Progesteron-Level* und *Scanning-Test* sind dabei direkt abhängig von der Elternvariablen *Trächtigkeit*, während die Variablen *Urintest* sowie *Bluttest* Kindknoten der Variablen *Progesteron-Level* darstellen. Die Knoten *Bluttest* und *Urintest* sind unabhängig bei gegebenem *Progesteron-Level*, während der *Scanning-Test* unabhängig von diesen bei Instanziierung der Trächtigkeitsvariablen ist.[6] Nun soll angenommen werden, dass einige Wochen nach der Befruchtung der Kuh die drei Tests durchgeführt werden, wobei alle zu einem negativen Ergebnis führen. Nach Instanziierung der entsprechenden Variablen beträgt die Wahrscheinlichkeit für die Trächtigkeit der Kuh nur noch zehn Prozent (statt der bisherigen 87 Prozent). Dieses Ergebnis erscheint allerdings unter Berücksichtigung der Tatsache, dass alle drei Tests negativ ausgefallen sind, verhältnismäßig hoch. Um zu untersuchen, welche A-Priori-Wahrscheinlichkeiten verändert werden müssen, um beispielsweise eine Wahrscheinlichkeit für die Trächtigkeit von fünf Prozent zu erreichen, wenn alle drei Tests negativ ausfallen, kann die Sensitivitätsanalyse herangezogen werden. Diese wird hier mithilfe der Software SamIam durchgeführt und liefert das in Tabelle 1 festgehaltene Ergebnis.

Parameter	Aktueller Wert	Vorgeschlagener Wert
P(Progesteron-Level = feststellbar | Trächtigkeit = ja)	0,9	≥ 0,997
P(Scanning-Test = positiv | Trächtigkeit = ja)	0,9	≥ 0,95
P(Trächtigkeit = ja)	0,87	≤ 0,76

Tabelle 1: Sensitivitätsanalyse am Beispiel der Kuhträchtigkeit (in Anlehnung an Darwiche 2009, 89)

Um die Bedingung zu erfüllen, dass die Wahrscheinlichkeit für eine Trächtigkeit bei drei negativen Tests maximal fünf Prozent beträgt, müsste entweder die Wahrscheinlichkeit für ein falsches negatives Testergebnis bei dem Scanning-Test mit fünf Prozent anstelle von zehn Prozent festgelegt oder die Wahrscheinlichkeit für die Trächtigkeit nach einer Befruchtung von 87 Prozent auf 76 Prozent gesenkt oder die Wahrscheinlichkeit für die Feststellbarkeit des Progesterons bei gegebener Trächtigkeit mit 99,7 anstelle von neunzig Prozent angenommen werden. Die letzten beiden Möglichkeiten sind allerdings in der Praxis schwer umsetzbar, weshalb nur der Scanning-Test durch

---

[6] Angenommen Progesteron wird bei der Kuh erkannt, kann daraus die Wahrscheinlichkeit für eine Trächtigkeit abgeleitet werden. Dieses lässt wiederum darauf schließen, dass der Scanning-Test mit hoher Wahrscheinlichkeit positiv ausfällt. Wenn allerdings bekannt ist, dass die Kuh trächtig ist, hat ein feststellbares Progesteron-Level keine Auswirkungen mehr auf die Überzeugung, dass der Scanning-Test positiv ausfällt. Diese leitet sich aus dem Wissen über die Trächtigkeit und nicht aus dem Progesteron-Level ab. Die Variablen *Progesteron-Level* und *Scanning-Test* (und somit auch die Variablen *Urin-/Bluttest* und *Scanning-Test*) sind demnach bedingt unabhängig bei Instanziierung der Variablen *Trächtigkeit*.

einen anderen zuverlässigeren Test ersetzt werden könnte. Von Interesse ist bei diesem Beispiel zudem, dass sowohl die Verbesserung des Blut- als auch des Urintests zu keiner Veränderung bezüglich der Wahrscheinlichkeit für eine Trächtigkeit führen würde und diese Optionen somit nicht in Betracht gezogen werden müssten (Darwiche 2009, 87-90). Mit Bezug auf die Gerichtsentscheidung bedeutet dies, dass ein ressourcenintensiveres Bemühen um eine genauere Bestimmung der Zuverlässigkeit der Indizien *Bluttest* sowie *Urintest* nicht sinnvoll erscheint, während es lohnt, die mit dem Scanning-Test verbundene Wahrscheinlichkeitsverteilung eingehender zu betrachten und ggf. nach alternativen Testverfahren zu suchen.

5 Entwicklung eines Bayesschen Netzes und Durchführung einer Sensitivitätsanalyse am Beispiel des Strafverfahrens gegen Kachelmann

Um die vorangestellten Ausführungen zu der Anwendung von Bayesschen Netzen in der Rechtsprechung zu vertiefen, wird im Folgenden das Strafverfahren gegen den Wettermoderator Jörg Kachelmann mithilfe eines Bayesschen Netzes untersucht. Kachelmann, der wegen der besonders schweren Vergewaltigung (§ 177 Absatz 1 StGB) in Tateinheit mit einer gefährlichen Körperverletzung (§ 224 Absatz 1 Nummer 2 StGB) an seiner damaligen Geliebten angeklagt wurde, ist vom Landgericht Mannheim aufgrund begründeter Zweifel an seiner Schuld freigesprochen worden, ohne dass seine Unschuld zweifelsfrei nachgewiesen werden konnte (Jüttner 2011, o. S.). In diesem Abschnitt der Arbeit sollen die Beweise, die während des Prozesses gegen Kachelmann festgestellt worden sind, mithilfe eines Bayesschen Netzes in Abhängigkeit zueinander gebracht werden. Anschließend kann mithilfe der Sensitivitätsanalyse untersucht werden, welche Beweise starken Einfluss auf die Haupttatsache, Schuld oder Unschuld Kachelmanns, haben.

Hierzu wird zunächst ein Überblick über das Strafverfahren gegeben, indem die relevanten Beweismittel herausgearbeitet werden, bevor im Anschluss das Bayessche Netz erstellt wird. Daraufhin erfolgt die Abfrage und Interpretation des Netzes. Abschließend werden eine Sensitivitätsanalyse durchgeführt und deren Ergebnisse interpretiert.

5.1 Herausarbeitung der Beweismittel im Strafverfahren gegen Kachelmann

Bezüglich des Ablaufs der Tatnacht stimmen alle Angaben dahingehend überein, dass Kachelmann gegen 23 Uhr in der Wohnung der Nebenklägerin eingetroffen ist. Ebenso lassen alle Aussagen darauf schließen, dass es zum Geschlechtsverkehr zwischen Kachelmann und der Nebenklägerin gekommen ist, wobei allerdings umstritten ist, ob dieser einvernehmlich vollzogen wurde. Nachgewiesen ist weiterhin, dass die Nebenklägerin Kachelmann im Verlauf des Abends mit einem Brief und zwei Flugtickets konfrontiert hat, welche belegen, dass Kachelmann mit einer anderen Frau verreist war. Der Brief enthielt den Inhalt „Er schläft mit ihr". In einem anschließenden Streitgespräch räumte Kachelmann die Beziehung zu dieser Frau ein (Jüttner 2011, o. S.). Gemäß der Aussage der Nebenklägerin sei Kachelmann daraufhin in die Küche gegangen, habe ein Messer an sich genommen, der Nebenklägerin dieses an den Hals gehalten und Morddrohungen ausgesprochen. Daraufhin habe der Angeklagte die Nebenklägerin in

ihrem Schlafzimmer vergewaltigt (Spiegel Online 2010a, o. S.). Dieser Aussage wider-
spricht Kachelmann, der sowohl die Bedrohung mit dem Messer als auch die Vergewaltigung bestreitet. Es sei zu einer normalen, aber emotionalen Trennung gekommen, woraufhin er im Anschluss die Wohnung verlassen habe (Knellwolf 2011, 9-13).

Bei der Beweismittelsicherstellung in der Wohnung der Nebenklägerin wurde neben
dem Bett ein Tomatenmesser gefunden. Im Abfalleimer befand sich ein Tampon, den
Kachelmann laut Aussage der Nebenklägerin vor der Vergewaltigung entfernt habe. Zudem beschlagnahmte die Polizei den oben genannten Brief und die Flugtickets (Knellwolf 2011, 24-26).

Gemäß der ersten Aussage der Nebenklägerin habe sie den Brief am Tag vor der Tatnacht im Briefkasten gefunden, ohne zu wissen von wem dieser stamme. Sie habe keinen Kontakt zu dem Absender des Briefes aufgenommen. Diese Aussage musste die
Nebenklägerin im Verlauf des Verfahrens allerdings revidieren. Sie gab zu, die Tickets
bereits einige Monate vor der Tat im Briefkasten vorgefunden und den Brief aufgrund
dessen selber geschrieben zu haben. Zudem gestand die Nebenklägerin, dass sie bereits
ein Jahr vor der Tatnacht durch einen anonymen Anruf von einer der Geliebten erfahren
hat. Daraufhin habe sie im Internet nach dieser Frau gesucht und sie im sozialen Netz-
werk Facebook unter falschem Namen kontaktiert, um sich deren Beziehung zu Kachelmann bestätigen zu lassen. Die Falschaussage habe sie aus Angst, dass ihr ansonsten
kein Glauben geschenkt würde, gemacht (Dahlkamp et al. 2010, 58/63).

An dem sichergestellten Tampon konnten DNA-Spuren festgestellt werden, die denen
von Kachelmann ähneln. Nachdem Kachelmann zunächst ausgesagt hat, sich nicht an
einen Tampon erinnern zu können, revidierte er seine Aussage dahingehend, dass er sich
nicht mehr absolut sicher sei (Knellwolf 2011, 150-151).

An dem Messer wurde eine Mischspur von mindestens zwei Personen ausgemacht, wo-
von mit großer Wahrscheinlichkeit eine der Nebenklägerin zuzuordnen ist. Die andere
Spur könnte von Kachelmann stammen, der allerdings zunächst abgestritten hatte, das
Messer berührt zu haben. Im weiteren Verlauf des Prozesses änderte er seine Aussage
geringfügig, indem er anmerkte, sich nicht hundertprozentig sicher zu sein, ob er das
Messer angefasst habe. Gemäß der Aussage der Nebenklägerin wurde dieser das Messer
während der gesamten Vergewaltigung an den Hals gehalten, weshalb viele Spuren der
Nebenklägerin und deutliche Spuren des Angeklagten an dem Messer hätten gefunden
werden müssen. Aufgrund der relativ geringen Menge von Spuren der Nebenklägerin
und des Angeklagten stellt das Messer kein eindeutiges Beweismittel dar, zumal nicht
festgestellt werden konnte, ob das Messer abgewischt wurde (dapd 2010, o. S.; Knellwolf 2011, 149-150).

Bei der ärztlichen Untersuchung der Nebenklägerin am Tag nach der Tatnacht wurden rötliche Striemen am Hals, am linken Unterschenkel sowie am linken Unterarm festgestellt, ebenso wie Hämatome an beiden Oberschenkel Innenseiten. Laut einem rechtsmedizinischen Gutachten seien die Verletzungen mit dem Tatgeschehen vereinbar; es gebe keine offensichtlichen Widersprüche. Zwei weitere Gutachter hielten es dagegen für naheliegend, dass die Nebenklägerin sich die Verletzungen selbst zugefügt habe (Holzhaider 2011, o. S.). Auf deren Laptop wurden in diesem Zusammenhang zwei gelöschte Aufnahmen eines linken Oberschenkels mit bläulich-grünlicher Verfärbung sichergestellt. Der Winkel auf dem Foto lasse auf eine Selbstaufnahme schließen. Die Nebenklägerin erklärte diese Bilder damit, dass sie schon immer von den Selbstheilungskräften des Körpers fasziniert gewesen sei und daher die Aufnahmen gemacht habe. Sie sei sich nicht mehr sicher, ob die Hämatome vom Geschlechtsverkehr mit Kachelmann oder vom Spiel mit ihrem Neffen stammten (Knellwolf 2011, 214-216).

Zum Verhalten von Kachelmann ist festzuhalten, dass er gleichzeitig diverse Beziehungen zu Frauen geführt hat (Rückert 2010, o. S.). Ferner ist zu beachten, dass Kachelmann sich nach seiner vorläufigen Haftentlassung nicht ins Ausland abgesetzt hat, obwohl dies für ihn möglich gewesen wäre (Knellwolf 2011, 190).

Die Aussagen der Nebenklägerin wurden in Gutachten eines Psychiatrieprofessors, einer Diplompsychologin und einer Fachärztin für Neurologie angezweifelt (Knellwolf 2011, 120). Aufgrund dessen musste das Gericht eine aussagepsychologische Begutachtung der Nebenklägerin anordnen. In ihrem Gutachten machte die Aussagepsychologin deutlich, dass die Aussage der Nebenklägerin auffallend oberflächlich und vage sei, diese aber keine psychiatrischen Auffälligkeiten aufweise (Spiegel Online 2010b, o. S.). Die Psychologin könne mit ihren wissenschaftlichen Methoden nicht nachweisen, dass die Nebenklägerin die Wahrheit sage, halte die Begründung für das Verfassen des Briefes und die diesbezügliche Falschaussage allerdings für plausibel. Sie könne allerdings ebenfalls nicht ausschließen, dass die Nebenklägerin aufgrund des Betrugs durch Kachelmann ein seelisches Trauma erlitten habe und daher aufgrund von Hass und Rachegedanken Vergeltung üben wolle (Knellwolf 2011, 187). Der Therapeut der Nebenklägerin bezeichnet deren Aussagen in seinem Gutachten als schlüssig und erklärt die Lücken, die die Aussagepsychologin festgestellt hat, mit einem schockbegründeten Gedächtnisverlust. Dies wird von einem weiteren Gutachter angezweifelt, der anmerkt, dass sich Vergewaltigungsopfer normalerweise gut an die Tat erinnern könnten (Spiegel Online 2011, o. S.).

Abschließend müssen die Aussagen der sogenannten Beziehungszeuginnen, also Frauen mit denen Kachelmann eine Beziehung unterhalten hat, berücksichtigt werden. Bei deren Anhörung vor Gericht hat eine der Zeuginnen ausgesagt, dass sie Kachelmann die

Tat nicht zutraue. Vier weitere Zeuginnen haben sich allerdings gegenteilig geäußert, da sie selber gewalttätige Erfahrungen mit Kachelmann erlebt hätten. Es ist zu berücksichtigen, dass diese Aussagen getätigt wurden, nachdem die Frauen bereits durch die Medien über die diversen Beziehungen Kachelmanns informiert waren. In vorherigen Vernehmungen bei der Polizei haben sich die vier Belastungszeuginnen gegenteilig geäußert. Alle weiteren Beziehungszeuginnen konnten keinen Beitrag zur Aufklärung des Sachverhalts leisten (Rückert 2010, o. S.).

5.2 Erstellung des Bayesschen Netzes für das Strafverfahren gegen Kachelmann

Im Folgenden wird ein Bayessches Netz für das Strafverfahren gegen Jörg Kachelmann beschrieben, wobei zunächst die Variablen und deren Zustände definiert und in Abhängigkeit zueinander gebracht werden, bevor die Parametrisierung des Netzes erfolgt. Die hierfür erstellten Wahrscheinlichkeitstabellen befinden sich im Anhang. Für die Erstellung und Abfrage des Netzes sowie für die anschließende Sensitivitätsanalyse wird die kostenfreie Software SamIam[7] verwendet, die von der Automated Reasoning Group unter Leitung von Professor Adnan Darwiche an der University of California entwickelt wurde. Mithilfe derer können zum einen Bayesschen Netze modelliert und abgefragt werden. Zum anderen ermöglicht die Software die Durchführung einer speziellen Form der Sensitivitätsanalyse (Automated Reasoning Group 2004-2010b, o. S.).

5.2.1 Definition der Variablen sowie deren Abhängigkeiten untereinander für das Strafverfahren gegen Kachelmann

Eine Übertragung des Strafverfahrens gegen Kachelmann in ein Bayessches Netz ist in Abbildung 16 dargestellt und wird im Folgenden erläutert. Es ist anzumerken, dass Kachelmann mit dem Buchstaben K und die Nebenklägerin mit Nklg abgekürzt sind.

---

[7] Verfügbar unter: http://reasoning.cs.ucla.edu/samiam/

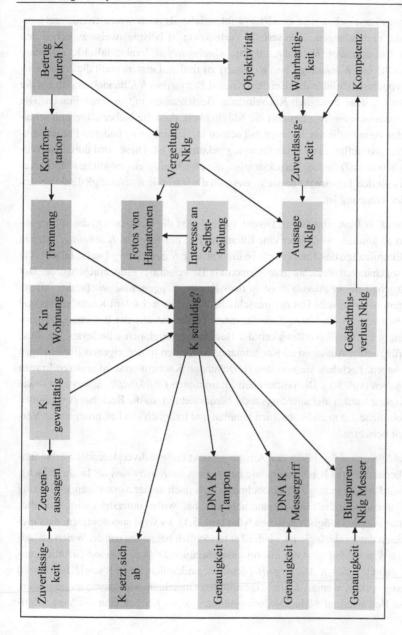

Abbildung 16: Bayessches Netz für das Strafverfahren gegen Kachelmann (eigene Darstellung)

Vorliegendes Bayessches Netz enthält sowohl serielle als auch divergierende und konvergierende Verbindungen. Eine serielle Verbindung ist beispielsweise zwischen den Variablen *Betrug durch K* {wahr, falsch}, *Konfrontation* {wahr, falsch}, *Trennung* {wahr, falsch} und *K schuldig?* {wahr, falsch} zu finden. Letztere stellt die zu untersuchende Hypothesenvariable dar. Bei dem Knoten *Betrug durch K* handelt es sich um die Informationsvariable bezüglich Kachelmanns Beziehungen mit anderen Frauen. Die Variable *Konfrontation* repräsentiert die Möglichkeit, dass die Nebenklägerin Kachelmann in der vermeintlichen Tatnacht mit seinen Beziehungen zu anderen Frauen konfrontiert hat, woraufhin es zu einer Trennung gekommen ist. Diese wird durch das Einfügen des Knotens *Trennung* berücksichtigt, die gleichzeitig ein mögliches Motiv Kachelmanns für den Tatvorwurf darstellt, weshalb die Variable *K schuldig?* direkt abhängig von der Trennung ist.

Der Knoten *K in Wohnung* {wahr, falsch} symbolisiert die Gelegenheit, die Tat begangen haben zu können, weshalb er eine Elternvariable des Knotens *K schuldig?* ist. Ein weiterer Elternknoten des Tatvorwurfs ist die Variable *K gewalttätig* {wahr, falsch}, die von den sogenannten Beziehungszeuginnen als Beweismittel eingebracht wurde. Der Wahrheitsgehalt dieser Aussagen ist in dem Knoten *Zeugenaussagen* {wahr, falsch} festgehalten, der einerseits von der tatsächlichen Gewaltbereitschaft Kachelmanns und zum anderen von der Variablen *Zuverlässigkeit* {wahr, falsch} der Beziehungszeuginnen abhängig ist. Die Zuverlässigkeit der Beziehungszeuginnen ist relevant, da diese ihre ursprünglichen Aussagen zu Kachelmanns Verhalten in den eigenen Beziehungen revidiert haben, nachdem sie von den Beziehungen Kachelmanns zu anderen Frauen erfahren haben (vgl. 5.1). Die potentiellen Elternknoten *Objektivität*, *Kompetenz* sowie *Wahrhaftigkeit* werden hier allerdings nicht berücksichtigt, da die Beziehungszeuginnen die vermeintliche Tat nicht beobachten konnten und lediglich aus Erfahrungen der Vergangenheit berichten.

Die Variable *K schuldig?* bildet den Ausgangspunkt einiger divergierender Verbindungen und besitzt diverse Kindknoten, wie beispielsweise *K setzt sich ab* {wahr, falsch}. Hiermit wird berücksichtigt, ob Kachelmann sich nach seiner vorzeitigen Entlassung aus der Untersuchungshaft ins Ausland abgesetzt hat, wobei unterstellt wird, dass dies für ihn grundsätzlich möglich gewesen wäre (vgl. 5.1). Es wird angenommen, dass dieses Verhalten davon abhängig ist, ob die Tat tatsächlich begangen wurde. Weitere Kindknoten von *K schuldig?* sind die Informationsvariablen *DNA K Tampon* {deutlich, undeutlich, keine}, *DNA K Messergriff* {deutlich, undeutlich, keine} sowie *Blutspuren Nklg Messer* {viele, wenige, keine}. Gemäß den Gutachten wird davon ausgegangen, dass diese Beweismittel vorhanden sein müssten, wenn Kachelmann die Vergewaltigung begangen hat. Zudem ist, wie bereits in Abschnitt 4.2.1 erläutert, bei dem Vorliegen von Beweismitteln grundsätzlich die *Genauigkeit* {wahr, falsch} der Beweismittel als deren Elternknoten zu berücksichtigen.

Des Weiteren müssen der mögliche Gedächtnisverlust der Nebenklägerin sowie der Wahrheitsgehalt ihrer Aussage berücksichtigt werden. Beide Variablen, *Gedächtnisverlust* {wahr, falsch} sowie *Aussage Nklg* {wahr, falsch}, sind dabei abhängig von der Variablen *K schuldig?*. Die Wahrheit der Aussage der Nebenklägerin bildet einen Knoten innerhalb einer konvergierenden Verbindung, da diese abhängig ist von der *Zuverlässigkeit* {wahr, falsch} der Nebenklägerin, was wiederum abhängig ist von deren *Wahrhaftigkeit* {wahr, falsch}, *Kompetenz* {wahr, falsch} und *Objektivität* {wahr, falsch}. Zudem wird angenommen, dass die Kompetenz der Nebenklägerin von einem möglichen Gedächtnisverlust abhängig ist und die Objektivität der Nebenklägerin davon beeinflusst wird, ob Kachelmann Beziehungen zu anderen Frauen geführt hat.

Abschließend muss die von der Aussagepsychologin vorgebrachte Möglichkeit berücksichtigt werden, dass die Nebenklägerin Vergeltung üben wollte, um sich an Kachelmann für seine Beziehungen mit anderen Frauen zu rächen. Dies wird mit dem Knoten *Vergeltung Nklg* {wahr, falsch} ausgedrückt, der von der Variablen *Betrug durch K* abhängig ist. Ein mögliches Beweismittel für eine Vergeltungstat durch die Nebenklägerin könnten die *Fotos von Hämatomen* {wahr, falsch} auf ihrem Laptop sein, weshalb dieser Knoten von der Variablen *Vergeltung Nklg* abhängig ist. Nach Aussage der Nebenklägerin wurden die Fotos allerdings aus Interesse an den Selbstheilungskräften des eigenen Körpers aufgenommen, was mit der Variablen *Interesse an Selbstheilung* {wahr, falsch} berücksichtigt wird. Es wird bewusst keine direkte Abhängigkeit zwischen den Variablen *K schuldig?* sowie *Vergeltung Nklg* angenommen,[8] da weder die Vergeltung durch die Nebenklägerin direkt abhängig von der Schuld Kachelmanns ist, noch eine Schuld oder Unschuld Kachelmanns direkt aus einer möglichen Vergeltung durch die Nebenklägerin abgeleitet werden kann. Es wird allerdings angenommen, dass die Wahrheit der Aussage der Nebenklägerin abhängig von einem etwaigen Vergeltungswunsch ist.

5.2.2 Parametrisierung des Netzes für das Strafverfahren gegen Kachelmann

Bei der Parametrisierung des Netzes werden einerseits die Inhalte der Zeugenaussagen und Gutachten, welche während des Strafverfahrens gegen Kachelmann aufgenommen

---

[8] Das Netz bliebe dann aber weiterhin azyklisch und damit zulässig.

wurden, berücksichtigt. Andererseits wurde für die Festlegung der A-Priori-Wahrscheinlichkeiten recherchiert, ob sich öffentlich zugängliche (Literatur-) Quellen finden lassen, die sich als informativ bezüglich der gesuchten Wahrscheinlichkeiten erweisen. Sind weder Zeugenaussagen, Gutachten noch Statistiken vorhanden, werden die Wahrscheinlichkeiten eigenständig festgelegt. Beispielsweise wird a-priori zu hundert Prozent angenommen, dass Kachelmann sich in der Wohnung der Nebenklägerin aufgehalten hat, da ein entsprechendes Treffen zuvor per E-Mail vereinbart worden war und dieses auch von keiner der Parteien bestritten wurde.[9]

Weiterhin wird eine A-Priori-Wahrscheinlichkeit von achtzig Prozent festgelegt, dass Kachelmann gewalttätig ist, weil vier von fünf Zeuginnen ihn diesbezüglich belastet haben. Die Zuverlässigkeit dieser Aussagen ist allerdings unsicher, da die Belastungszeuginnen ihre Aussagen im Verlauf des Strafverfahrens revidiert haben, nachdem sie von den zeitgleichen Beziehungen Kachelmanns zu anderen Frauen erfuhren. Daher wird hier eine A-Priori-Wahrscheinlichkeit P(Zuverlässigkeit = wahr) beziehungsweise P(Zuverlässigkeit = falsch) von jeweils fünfzig Prozent angenommen. Analog hierzu wird bei der Festlegung der bedingten A-Priori-Wahrscheinlichkeiten für den Knoten *Zeugenaussagen* vorgegangen. Lediglich die A-Priori-Wahrscheinlichkeiten P(Zeugenaussagen = wahr | K gewalttätig = wahr, Zuverlässigkeit = wahr) sowie P(Zeugenaussagen = falsch | K gewalttätig = falsch, Zuverlässigkeit = falsch) können mit hundert Prozent beziffert werden. In allen anderen Fällen, besteht Unsicherheit, weshalb die Zustände {wahr, falsch} jeweils zu fünfzig Prozent eintreten. Die genannten Wahrscheinlichkeiten determinieren die zu den jeweiligen Knoten gehörenden Wahrscheinlichkeitsverteilungen und werden analog zu Abbildung 15 in Form von Wahrscheinlichkeitstabellen in das Bayessche Netz integriert. Zur Veranschaulichung sind die entsprechenden Wahrscheinlichkeiten in den Tabellen Tabelle 2, Tabelle 3 undTabelle 4 dargestellt.

K gewalttätig	
wahr	0,8
falsch	0,2

Tabelle 2: A-Priori-Wahrscheinlichkeiten für den Knoten *K gewalttätig* (eigene Darstellung)

---

[9] Formal hätte der Knoten *K in Wohnung* nicht in das Bayessche Netz aufgenommen werden müssen, da sich die Wahrscheinlichkeiten durch das Weglassen des Knotens nicht verändern. Da ein Richter die Gelegenheit für eine Tat bei der Urteilsfindung allerdings stets berücksichtigen muss (Fenton et al. 2013, 78), wurde der Knoten in das Bayessche Netz integriert.

Zuverlässigkeit	
wahr	0,5
falsch	0,5

Tabelle 3: A-Priori-Wahrscheinlichkeiten für den Knoten *Zuverlässigkeit* der Belastungszeuginnen (eigene Darstellung)

	K gewalttätig			
	wahr		falsch	
	Zuverlässigkeit Belastungszeuginnen			
Zeugenaussagen	wahr	falsch	wahr	falsch
wahr	1	0,5	0,5	0
falsch	0	0,5	0,5	1

Tabelle 4: A-Priori-Wahrscheinlichkeiten für den Knoten *Zeugenaussagen* (eigene Darstellung)

Für die Wahrscheinlichkeit, dass sich ein Angeklagter vor der Gerichtsverhandlung ins Ausland absetzt, konnten keine Statistiken gefunden werden, weshalb hier eigenständige Überlegungen vorgenommen wurden. Sofern der Angeklagte die Tat begangen hat, wird angenommen, dass es fünfzig Prozent wahrscheinlicher ist, dass dieser sich ins Ausland absetzt, wenn sich die Gelegenheit hierfür ergibt, als dass er zur Gerichtsverhandlung erscheint. Grund hierfür ist, dass der Angeklagte davon ausgehen kann, dass mehr Beweise gegen als für ihn sprechen und er daher strafbar gemacht würde. Dieses resultiert in einer A-Priori-Wahrscheinlichkeit P(K setzt sich ab = wahr | K schuldig = wahr) von sechzig Prozent. Wenn der Angeklagte dagegen unschuldig ist, wird festgelegt, dass es viermal wahrscheinlicher ist, zur Gerichtsverhandlung zu erscheinen als sich ins Ausland abzusetzen. Abgewogen wird hier zum einen, dass der Angeklagte davon ausgehen kann, dass nicht ausreichend belastende Beweise gegen ihn vorliegen und er bei einer Flucht ins Ausland das Leben in Deutschland vollständig aufgeben müsste. Möglich ist dieses allerdings dennoch, da die Angst vor einer Verurteilung die Entscheidung beeinflusst. Daher werden für die Variable *K setzt sich ab* bedingte A-Priori-Wahrscheinlichkeiten von zwanzig Prozent für den Zustand {wahr} und achtzig Prozent für den Zustand {falsch} festgelegt, wenn der Angeklagte unschuldig ist.

Bei den drei Beweismittelknoten *DNA K Tampon, DNA K Messergriff* sowie *Blutspuren Nklg Messer* müssen die bedingten Wahrscheinlichkeiten bei gegebenen Zuständen der Variablen *K schuldig?* sowie *Genauigkeit* berücksichtigt werden. Gemäß Fenton et al. (2013) unterscheiden sich die Zustände einer Beweismittelvariablen bezüglich ihrer Wahrscheinlichkeiten nicht, sofern die Genauigkeit den Zustand {falsch} annimmt (Fenton et al. 2013, 74). In diesem Fall wird für alle Zustände der Variablen *DNA K*

Tampon, *DNA K Messergriff* sowie *Blutspuren Nklg Messer* eine A-Priori-Wahrscheinlichkeit von 33,33 Prozent festgesetzt. Wenn die DNA-Analyse genau und Kachelmann
schuldig ist, sind an dem Tampon zu gleichen Teilen entweder deutliche oder undeutliche Spuren von Kachelmann zu erwarten, da er in diesem Fall den Tampon entfernt
haben müsste. Es ist nicht zu erwarten, dass es keine Spuren gibt, da ein Tampon schwer
abzuwischen ist. Daraus ergeben sich P(DNA K Tampon = deutlich | K schuldig? =
wahr, Genauigkeit = wahr) und P(DNA K Tampon = undeutlich | K schuldig? = wahr,
Genauigkeit = wahr) von jeweils fünfzig Prozent. Wenn Kachelmann dagegen unschuldig ist, wird angenommen, dass es doppelt so wahrscheinlich ist, keine Spuren an dem
Tampon zu finden als deutliche oder undeutliche. Diese Möglichkeiten bestehen allerdings dennoch, da Kachelmann den Tampon auch bei einvernehmlichem Geschlechtsverkehr entfernt haben könnte und sich dessen gemäß seiner Aussage nicht mehr sicher
ist. Aus diesen Annahmen resultieren P(DNA K Tampon = keine | K schuldig? = falsch,
Genauigkeit = wahr) von fünfzig Prozent sowie P(DNA K Tampon = deutlich | K schul-
dig? = falsch, Genauigkeit = wahr) und P(DNA K Tampon = undeutlich | K schuldig?
= falsch, Genauigkeit = wahr) von jeweils 25 Prozent. Bei dem Knoten *DNA K Messergriff* stellen sich die A-Priori-Wahrscheinlichkeiten anders dar, weil die Möglichkeit
besteht, ein Messer abzuwischen, um Spuren zu vernichten. Sofern Kachelmann die Tat
begangen hat, werden gemäß den Gutachten deutliche Spuren an dem Messer erwartet.
Es wird festgelegt, dass dieses zehnmal wahrscheinlicher ist, als lediglich undeutliche
Spuren zu finden, da der Angeklagte gemäß der Aussage der Nebenklägerin dieser das
Messer während der gesamten Vergewaltigung an den Hals gehalten hat. Möglich ist es,
wie bereits erläutert, keine Spuren an dem Messergriff zu finden, wenn das Messer ab-
gewischt wurde. Dieses wird als halb so wahrscheinlich im Vergleich zu deutlichen
Spuren erachtet. Aufgrund dieser Annahmen ergeben sich P(DNA K Messergriff = deut-
lich | K schuldig? = wahr, Genauigkeit = wahr) von 62,5 Prozent, P(DNA K Messergriff
= undeutlich | K schuldig? = wahr, Genauigkeit = wahr) von 6,25 Prozent und P(DNA
K Messergriff = keine | K schuldig? = wahr, Genauigkeit = wahr) von 31,25 Prozent.
Wenn Kachelmann dagegen unschuldig ist, werden dieselben Zahlenverhältnisse angenommen, allerdings tritt hier der Zustand {keine} zu 62,5 Prozent ein, da davon auszugehen ist, dass Kachelmann das Messer nicht berührt hat. Zu 31,25 Prozent können aber
auch undeutliche Spuren gefunden werden, da unter Umständen eine Sekundärübertragung stattgefunden oder Kachelmann das Messer kurz berührt hat. Gemäß seiner Aussage konnte er dieses nicht gänzlich ausschließen. Die A-Priori-Wahrscheinlichkeit für
das Vorfinden deutlicher Spuren ist dagegen mit 6,25 Prozent verhältnismäßig gering.
Bei einer Schuld Kachelmanns werden für den Knoten *Blutspuren Nklg Messer* dieselben Wahrscheinlichkeiten wie bei der Variablen *DNA K Messergriff* festgelegt, da hier

dieselben Begründungen greifen. Ist Kachelmann allerdings unschuldig, wird angenommen, dass zu 85 Prozent keine Blutspuren der Nebenklägerin am Messer gefunden werden. Diese könnten nur durch eine Selbstverletzung der Nebenklägerin entstanden sein, wobei zu zehn Prozent wenige und lediglich zu fünf Prozent viele Blutspuren zu finden sein müssten, da für das Auffinden vieler Blutspuren ein hohes Maß an Selbstüberwindung notwendig wäre. Die drei Variablen *Genauigkeit* nehmen bei DNA-Analysen zu neunzig Prozent den Zustand {wahr} und zu zehn Prozent den Zustand {falsch} an (Fenton et al. 2013, 74).

Der *Gedächtnisverlust* der Nebenklägerin ist bei einer Schuld Kachelmanns unter den Gutachtern umstritten, weshalb hier eine A-Priori-Wahrscheinlichkeit P(Gedächtnisverlust = wahr | K schuldig? = wahr) von fünfzig Prozent festgelegt wird. Wenn Kachelmann unschuldig ist, kann kein Gedächtnisverlust bei der Nebenklägerin vorliegen.

Für die Variable *Betrug durch K* wird eine A-Priori-Wahrscheinlichkeit P(Betrug durch K = wahr) von 21 Prozent festgelegt, da dieser Anteil an Männern in der deutschen Bevölkerung Seitensprünge eingesteht (die Dunkelziffer wird aus Vereinfachungsgründen nicht berücksichtigt) (Sonnenmoser 2006, 271). Lediglich elf Prozent der Frauen würden ihren Partner diesbezüglich nicht konfrontieren, sofern sie von dem Betrug durch den Partner erfahren (Statista 2016a, o. S.)[10], weshalb die A-Priori-Wahrscheinlichkeit P(Konfrontation = wahr | Betrug durch K = wahr) mit 89 Prozent beziffert wird. Wenn Kachelmann keine Beziehungen zu anderen Frauen hatte, ist auch eine diesbezügliche Konfrontation nicht möglich. Ähnliches ist bei der Variablen *Trennung* zu berücksichtigen. Wenn keine Konfrontation stattgefunden hat, kann es nicht zu einer Trennung kommen. Wenn allerdings der Knoten *Konfrontation* den Zustand {wahr} annimmt, ist eine Trennung zu 34 Prozent wahrscheinlich (Statista 2016a, o. S.).

Für die Variable *Vergeltung Nklg* wird davon ausgegangen, dass diese lediglich dann den Zustand {wahr} annehmen, kann, wenn ein Betrug durch Kachelmann stattgefunden hat. In diesem Fall wird eine A-Priori-Wahrscheinlichkeit P(Vergeltung Nklg = wahr | Betrug durch K = wahr) von 28 Prozent unterstellt, da laut Statista (2016b) 28 Prozent der Frauen nicht ausschließen, aufgrund eines Seitensprungs oder einer Trennung, Rache an ihrem Partner zu nehmen beziehungsweise dieses bereits mindestens

---

[10]Die Quelle enthält die Verteilung der Antworten auf die Frage „Wie würden Sie mit einem Seitensprung Ihres Partners umgehen?".

einmal getan haben (Statista 2016b, o. S.)[11]. Die A-Priori-Wahrscheinlichkeit P(Interesse an Selbstheilung = wahr) beträgt 25 Prozent, da sich gemäß einer Umfrage circa ein Viertel der Deutschen für medizinische Fragestellungen interessiert (Statista 2016c, o. S.)[12]. Zur Vereinfachung und aufgrund mangelnder anderweitiger Informationen zu diesem Thema wird ein Interesse dieser Personengruppe an den Selbstheilungskräften des Körpers unterstellt. Bezüglich der A-Priori-Wahrscheinlichkeiten für den Knoten *Fotos von Hämatomen* wird zunächst angenommen, dass diese mit größerer Wahrscheinlichkeit gemacht werden, sofern Interesse an den Selbstheilungskräften des Körpers besteht als bei einem Vergeltungswunsch. Die Fotos dienen bei Ersterem als Information und Dokumentation, während sie bei einer Vergeltungstat ein belastendes Beweismittel darstellen könnten. Da keine diesbezüglichen Statistiken auffindbar waren, konnte die Festsetzung der Wahrscheinlichkeiten allein auf Basis eigener Überlegungen angestellt werden. Wenn weder ein Interesse an Selbstheilung besteht, noch der Wunsch nach Vergeltung zutrifft, muss die Variable *Fotos von Hämatomen* den Zustand {falsch} annehmen. Wenn lediglich das Interesse an Selbstheilung besteht, wird unterstellt, dass es fünfzig Prozent wahrscheinlicher ist, Fotos von Hämatomen aufzunehmen, um die Verletzungen zu dokumentieren und den Heilungsprozess zu verfolgen, als dies nicht zu tun. Hieraus resultiert eine A-Priori-Wahrscheinlichkeit P(Fotos von Hämatomen = wahr | Vergeltung Nklg = falsch, Interesse an Selbstheilung = wahr) von sechzig Prozent. Umgekehrt gilt bei Wahrheit beider Elternknoten eine überwiegende Wahrscheinlichkeit, dass keine Fotos von Hämatomen aufgenommen werden, da diese als Beweismittel dienen könnten, obwohl auch ein Interesse an Selbstheilung besteht. Deutlicher wird dieses dann, wenn kein Interesse an Selbstheilung mehr besteht, sondern lediglich der Vergeltungswunsch vorhanden ist. In diesem Fall ist es viermal wahrscheinlicher, keine Fotos vorzufinden, was einer A-Priori-Wahrscheinlichkeit von achtzig Prozent entspricht.

Im Folgenden werden die Variablen parametrisiert, die im Zusammenhang mit der Aussage der Nebenklägerin stehen. Objektivität wird beispielsweise angenommen, sofern kein Betrug durch Kachelmann vorliegt. Nimmt diese Variable allerdings den Zustand {wahr} an, kann die Objektivität der Nebenklägerin nicht mehr eindeutig festgestellt werden, weshalb hier eine A-Priori-Wahrscheinlichkeit P(Objektivität = wahr | Betrug

---

[11]Die Quelle enthält die Verteilung der Antworten auf die Frage „Nach dem Schmerz und der Trauer über eine Trennung oder einem Seitensprung kommt häufig die Wut auf den oder die Ex. „Rache ist süß", heißt es dann bei vielen. Haben Sie sich schon mal an einem Ex-Partner/einer Ex-Partnerin gerächt?".

[12]Die Quelle enthält die Verteilung der Antworten auf die Fragestellung nach dem „Interesse der Bevölkerung in Deutschland an medizinischen Fragen von 2012 bis 2016 (Personen in Millionen)".

durch K = wahr) von fünfzig Prozent festgelegt wird. Die Wahrhaftigkeit der Nebenklägerin wird lediglich mit vierzig Prozent beziffert, da diese bezüglich des Briefes und der Kontaktaufnahme zu einer der Geliebten Kachelmanns zunächst eine Falschaussage gemacht hat. Die Kompetenz der Nebenklägerin ist schließlich abhängig von einem möglichen Gedächtnisverlust. Liegt dieser vor, kann die Kompetenz nicht mit Sicherheit bestimmt werden, da die Lücken in den Aussagen der Nebenklägerin auf den Gedächtnisverlust zurückzuführen sein könnten, was in einer Wahrscheinlichkeit P(Kompetenz = wahr | Gedächtnisverlust = wahr) von fünfzig Prozent resultiert. Ist dieser allerdings nicht gegeben, wird lediglich eine Kompetenz der Nebenklägerin von zwanzig Prozent angenommen, da nur einer der fünf Gutachter die Aussagen der Nebenklägerin als schlüssig bezeichnet. Bei der Variablen *Zuverlässigkeit* werden zur Bestimmung der A-Priori-Wahrscheinlichkeiten alle drei Elternknoten zu gleichen Teilen gewichtet. Sind demnach die Objektivität, die Wahrhaftigkeit sowie die Kompetenz gegeben, ist die Nebenklägerin zu hundert Prozent zuverlässig. Bei zwei Elternknoten, welche den Zustand {wahr} annehmen, ergibt sich eine bedingte Wahrscheinlichkeit von 66,67 Prozent und bei einem Elternknoten eine Wahrscheinlichkeit von 33,33 Prozent. Ist die Zuverlässigkeit nicht gegeben und ist Kachelmann gleichzeitig unschuldig, während die Vergeltung durch die Nebenklägerin wahr ist, muss die Aussage der Nebenklägerin falsch sein. Nehmen dagegen beide Elternknoten *K schuldig?* sowie *Zuverlässigkeit* der Variablen *Aussage Nklg* den Zustand {wahr} an und es liegt keine Vergeltung durch die Nebenklägerin vor, lässt sich daraus ableiten, dass die Aussage der Nebenklägerin {wahr} sein muss. Wenn alle drei Variablen den Zustand {wahr} annehmen, liegt die A-Priori-Wahrscheinlichkeit P(Aussage Nklg = wahr | K schuldig? = wahr, Vergeltung Nklg = wahr, Zuverlässigkeit = wahr) bei neunzig Prozent, da nicht ausgeschlossen werden kann, dass diese aufgrund des Vergeltungswunsches verfälscht worden sein könnte. Umgekehrt ist die Aussage der Nebenklägerin a-priori zu neunzig Prozent falsch, wenn Kachelmann unschuldig und eine Vergeltung wahr, aber die Zuverlässigkeit der Nebenklägerin vorhanden ist. In allen anderen Fällen kann aufgrund der bestehenden Unsicherheit lediglich eine A-Priori-Wahrscheinlichkeit von fünfzig Prozent für die Wahrheit der Aussage der Nebenklägerin festgestellt werden.

Abschließend müssen die bedingten A-Priori-Wahrscheinlichkeiten für den Knoten *K schuldig?* festgesetzt werden. Da der Elternknoten *K in Wohnung* die Gelegenheit zu der Tat darstellt, die gegeben sein muss, damit Kachelmann die Tat begangen haben kann, ist die Variable *K schuldig?* zwingend falsch, sofern der Knoten *K in Wohnung* den Zustand {falsch} annimmt. Befindet sich Kachelmann dagegen in der Wohnung, sind die beiden weiteren Elternknoten des Hypothesenknotens *K schuldig?* ausschlaggebend. Wenn festgestellt wird, dass Kachelmann gewalttätig ist und es gleichzeitig zu

einer Trennung kam, wird eine A-Priori-Wahrscheinlichkeit für die Schuld Kachelmanns von 95 Prozent angenommen. Diese sinkt auf achtzig Prozent, wenn Kachelmann
zwar gewalttätig ist, aber keine Trennung stattgefunden hat, weil in diesem Fall unter
Umständen das Motiv für die Tat nicht vorhanden ist. Wenn zwar eine Trennung stattgefunden hat, Kachelmann aber nicht gewalttätig ist, liegt die A-Priori-Wahrscheinlichkeit für die Schuld Kachelmanns lediglich bei zehn Prozent. Es wird unterstellt, dass die
Gewaltbereitschaft einer Person deutlich relevanter für das Begehen einer Vergewaltigung und Bedrohung mit einem Messer ist als eine Trennung. Hat auch keine Trennung
stattgefunden, sinkt die Wahrscheinlichkeit für die Schuld Kachelmanns weiter auf fünf
Prozent. Es ist nicht komplett auszuschließen, dass die Tat begangen worden ist, da auch
weitere Faktoren, wie beispielsweise Trunkenheit, dieses begünstigt haben könnten, allerdings ist die Wahrscheinlichkeit hierfür verhältnismäßig gering, nämlich fünf Prozent
(vgl. Tabelle 24 im Anhang). Die übrigen in diesem Abschnitt diskutierten Wahrscheinlichkeiten finden sich in den Tabellen 1 bis 23 im Anhang.

5.3   Abfrage und Interpretation des Netzes

Das Bayessche Netz für das Strafverfahren gegen Kachelmann mit den A-Priori-Wahrscheinlichkeiten nach der Parametrisierung ist in Abbildung 17 dargestellt. Die Berechnung der Wahrscheinlichkeiten wurde dabei von dem Programm SamIam durchgeführt.

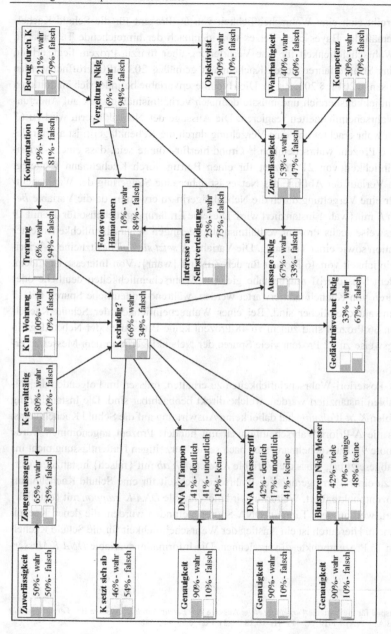

Abbildung 17: Bayessches Netz für das Strafverfahren gegen Kachelmann mit A-Priori-Wahrscheinlichkeiten (eigene Darstellung in Samlam)

A-priori ergibt sich eine Wahrscheinlichkeit von 66 Prozent für die Schuld Kachelmanns. Gemäß des Bayesschen Netzes wäre demnach der hinreichende Tatverdacht, dass die Wahrscheinlichkeit für eine Verurteilung über fünfzig Prozent liegt, erfüllt, weshalb das Strafverfahren gegen Kachelmann gemäß § 203 StPO eröffnet werden könnte (Rosenau 2014, § 203, Rn. 3). Die Hypothesenvariable befindet sich im mittleren Wahrscheinlichkeitsbereich und müsste demnach verhältnismäßig stark auf Änderungen der Wahrscheinlichkeiten reagieren. Die Aussage der Nebenklägerin wird zu 67 Prozent als wahr erachtet und eine Vergeltung durch die Nebenklägerin ist a-priori lediglich zu 6 Prozent wahrscheinlich.[13] Grund hierfür könnte sein, dass eine A-Priori-Wahrscheinlichkeit von 21 Prozent für einen Betrug durch Kachelmann festgelegt wurde. Im Verlauf der Abfrage des Netzes ist daher eine Steigerung der Wahrscheinlichkeit für eine Vergeltung durch die Nebenklägerin zu erwarten, da die Variable *Betrug durch K* mit {wahr} instanziiert wird. Dieselbe Erklärung gilt ebenso für die mit 19 beziehungsweise sechs Prozent verhältnismäßig geringen Wahrscheinlichkeiten einer Konfrontation sowie einer Trennung. Die Variable *K setzt sich ab* besitzt eine A-Priori-Wahrscheinlichkeit von 46 Prozent für den Zustand {wahr}. Von Interesse ist zudem, dass an dem Messergriff mit beinahe gleichen Wahrscheinlichkeiten deutliche oder keine Spuren von Kachelmann erwartet werden, während undeutliche Spuren mit 17 Prozent unwahrscheinlicher sind. Bei einer Wahrscheinlichkeit der Schuld Kachelmanns von 66 Prozent sind zudem zu 48 Prozent keine Blutspuren der Nebenklägerin beziehungsweise zu 42 Prozent viele Spuren der Nebenklägerin an dem Messer zu erwarten.

Um die A-Posteriori-Wahrscheinlichkeiten zu erhalten, müssen im Folgenden diejenigen Variablen instanziiert werden, welche direkt beobachtbar sind. Die Instanziierung der Variablen *K in Wohnung* hat dabei keine Auswirkung auf die Schuld Kachelmanns, da bereits die A-Priori-Wahrscheinlichkeit mit hundert Prozent angenommen wurde (vgl. Fußnote 9). Da Kachelmann sich nach seiner vorzeitigen Haftentlassung nicht ins Ausland abgesetzt hat, muss die Variable *K setzt sich ab* mit {falsch} instanziiert werden, was zu einer Verringerung der Wahrscheinlichkeit für eine Schuld Kachelmanns um 17 Prozentpunkte führt. Weiterhin wird die Variable *DNA K Tampon* mit {deutlich} instanziiert, weil an dem Tampon DNA-Spuren gefunden wurden, die denen Kachelmanns ähneln. Hierdurch ist ein Anstieg der Wahrscheinlichkeit für die Schuld Kachelmanns um 15 Prozentpunkte zu verzeichnen. Die Informationsvariable *DNA K Messer-*

---

[13]Rechenbeispiel für die Variable *Vergeltung Nklg*: Aussage A = *Betrug durch K*, Aussage B = *Vergeltung Nklg*
$P(B) = P(B|A) \times P(A) + P(B|\neg A) \times P(\neg H) = 0,28 \times 0,21 + 0 \times 0,79 = 0,0588$

griff wird mit {undeutlich} instanziiert, da an dem Messergriff lediglich eine Spur gefunden werden konnte, deren DNA unter Umständen von Kachelmann stammt, ohne dass eine Sekundärübertragung ausgeschlossen werden konnte. Auch der Knoten *Blutspuren Nklg Messer* wird aufgrund der geringen Menge von Blut an der Klinge mit {wenige} instanziiert. Diese Festsetzungen führen zu einem deutlichen Rückgang der Wahrscheinlichkeit für die Schuld Kachelmanns um 37 Prozentpunkte. Bei Instanziierung der Variablen *Betrug durch K* mit dem Zustand {wahr}, steigt die Wahrscheinlichkeit für die Schuld Kachelmanns lediglich um drei Prozentpunkte. Allerdings erhöht sich die Wahrscheinlichkeit für eine Vergeltung durch die Nebenklägerin, wie bereits erwartet, deutlich um 22 Prozentpunkte. Zudem kann eine extreme Zunahme der Wahrscheinlichkeiten um 70 beziehungsweise 20 Prozentpunkte verzeichnet werden, dass eine Konfrontation beziehungsweise eine Trennung stattgefunden hat. Die Instanziierung der Variablen *Konfrontation* hat dagegen geringe Auswirkungen auf die Schuld Kachelmanns sowie die Trennung, allerdings führt die anschließende Instanziierung der Variablen *Trennung* für den Zustand {wahr} zu einer Erhöhung der Wahrscheinlichkeit um 10 Prozentpunkte, dass Kachelmann die Tat begangen hat. Abschließend muss die Variable *Fotos von Hämatomen* mit {wahr} instanziiert werden, was die Wahrscheinlichkeit einer Vergeltung durch die Nebenklägerin um elf Prozentpunkte steigen lässt. Weitere Auswirkungen ergeben sich nicht, da *Betrug durch K* bereits zuvor instanziiert wurde. Das Bayessche Netz mit den A-Posteriori-Wahrscheinlichkeiten nach Instanziierung ist in Abbildung 18 dargestellt.

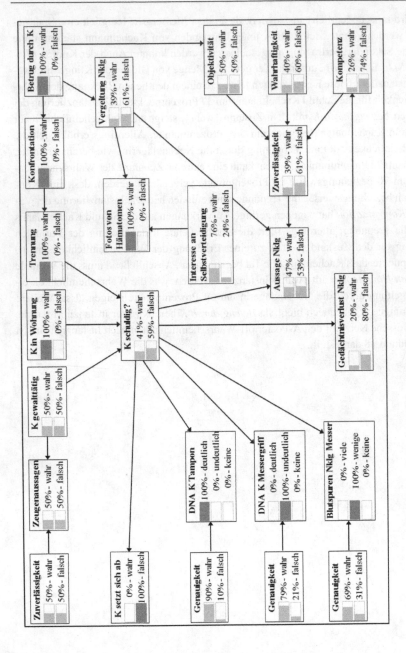

Abbildung 18:   Bayessches Netz für das Strafverfahren gegen Kachelmann mit A-Posteriori-Wahrscheinlichkeiten (eigene Darstellung in Samlam)

Die Wahrscheinlichkeit für die Schuld Kachelmanns ist von vorher 66 Prozent auf 41 Prozent gesunken, was einer relativen Reduktion um mehr als ein Drittel entspricht. Das Ergebnis ist mit dem Verlauf des Strafverfahrens gegen Jörg Kachelmann vereinbar, da Kachelmann aufgrund begründeter Zweifel an seiner Schuld freigesprochen wurde, was auch das Bayessche Netz wiederspiegelt. Die Bewertung der Beweismittel deutet darauf hin, dass Kachelmann nicht strafbar ist, allerdings kann dieses nicht zweifelsfrei nachgewiesen werden. Vielmehr besteht nach wie vor eine Unsicherheit bezüglich der Schuld Kachelmanns, die sich in der geringen Differenz von lediglich 18 Prozentpunkten für die Schuld beziehungsweise Unschuld des Angeklagten wiederfindet. Ein wesentlicher Grund für das Sinken der Wahrscheinlichkeit für die Schuld Kachelmanns in dem Bayesschen Netz ist die Instanziierung der Variablen *DNA K Messergriff* sowie *Blutspuren Nklg Messer* mit den Zuständen {undeutlich} beziehungsweise {wenige}. Auch hier repräsentiert das Bayessche Netz das Strafverfahren gegen Kachelmann in angemessener Weise. Das Verletzungsbild der Nebenklägerin und die nicht eindeutigen DNA-Analysen wurden in der Mehrheit der Gutachten kritisch betrachtet, was den Freispruch Kachelmanns begünstigt hat (Holzhaider 2011, o. S.; dapd 2010, o. S.; Knellwolf 2011, 149-150). Auch die Aussage der Nebenklägerin wurde in den entsprechenden Gutachten kritisch bewertet (Knellwolf 2011, 120), was ebenfalls in dem Bayesschen Netz zu finden ist, da die A-Posteriori-Wahrscheinlichkeit für die Wahrheit der Aussage nur noch 47 Prozent im Vergleich zu den vorherigen 67 Prozent beträgt. Zudem ist die Wahrscheinlichkeit für eine Vergeltungstat durch die Nebenklägerin von sechs auf 39 Prozent erheblich angestiegen. Dieses ist einleuchtend, da die Variable *Betrug durch K* mit dem Zustand {wahr} instanziiert wurde, was die Wahrscheinlichkeit für eine Vergeltungstat steigen lässt. Ein letzter strittiger Aspekt in dem Strafverfahren, den das Bayessche Netz abbildet, ist die Gewaltbereitschaft Kachelmanns. Vor Instanziierung wurde diese aufgrund der Zeugenaussagen zu achtzig Prozent angenommen. Nach Instanziierung beträgt die Wahrscheinlichkeit dafür, dass Kachelmann gewalttätig ist, lediglich noch fünfzig Prozent, weshalb diesbezüglich keine eindeutige Aussage getroffen werden kann. Ähnliches war auch im Verlauf des Strafverfahrens festzustellen, da die Glaubwürdigkeit der Belastungszeuginnen als fragwürdig erachtet wurde.[14]

---

[14]Die Reduktion der Wahrscheinlichkeit für die Gewaltbereitschaft Kachelmanns erscheint auf den ersten Blick nicht intuitiv einleuchtend. Sie ist einerseits zurückzuführen auf die Instanziierungen in den seriellen Verbindungen (*K gewalttätig* → *K schuldig?* → *K setzt sich ab, K gewalttätig* → *K schuldig?* → *DNA K Messergriff* sowie *K gewalttätig* → *K schuldig?* → *Blutspuren Nklg Messer*). Durch die Instanziierungen der Variablen *K setzt sich ab, DNA K Messergriff* sowie *Blutspuren Nklg Messer* sinkt die Wahrscheinlichkeit für eine Schuld Kachelmanns, was aufgrund der seriellen Verbindung wiederum dafür sorgt, dass die Wahrscheinlichkeit für die Gewaltbereitschaft Kachelmanns abnimmt. Andererseits beeinflusst die Instanziierung der Variablen *Trennung*, die eine konvergierende Verbindung mit der Variablen *K gewalttätig* bildet, die Gewaltbereitschaft Kachel-

5.4   Durchführung und Interpretation der Sensitivitätsanalyse

Im Folgenden soll mithilfe der einstufigen Sensitivitätsanalyse untersucht werden, welche Annahmen grundsätzlich den größten Einfluss auf den Zustand der Hypothesenvariable *K schuldig?* haben. Zudem werden verschiedene Wahrscheinlichkeitswerte für die Schuld Kachelmanns angenommen, um zu analysieren, welche Parameter des Netzes in welchem Ausmaß geändert werden müssen, um den entsprechenden Wahrscheinlichkeitswert zu erreichen. In Tabelle 5 ist das Ergebnis der Sensitivitätsanalyse abgebildet, wenn eine Wahrscheinlichkeit für die Schuld Kachelmanns von maximal zwanzig Prozent erreicht werden soll.

Parameter	Aktueller Wert	Vorgeschlagener Wert	Änderung Logarithmus der Chancen
P(Blutspuren Nklg Messer = wenige | K schuldig? = falsch, Genauigkeit = wahr)	0,1	$\geq 0,34$	$\geq 1,53$
P(DNA K Messergriff = undeutlich | K schuldig? = falsch, Genauigkeit = wahr)	0,3125	$\geq 0,92$	$\geq 3,26$
P(DNA K Tampon = deutlich | K schuldig? = wahr, Genauigkeit = wahr)	0,5	$\leq 0,16$	$\geq 1,67$
P(DNA K Tampon = deutlich | K schuldig? = falsch, Genauigkeit = wahr)	0,25	$\geq 0,75$	$\geq 2,20$
P(K schuldig? = wahr | K in Wohnung = wahr, K gewalttätig = wahr, Trennung = wahr)	0,95	$\leq 0,68$	$\geq 2,19$
P(K gewalttätig = wahr)	0,8	$\leq 0,55$	$\geq 1,20$
P (K setzt sich ab = wahr | K schuldig? = wahr)	0,6	$\geq 0,85$	$\geq 1,36$

Tabelle 5: Sensitivitätsanalyse für die Bedingung K schuldig? $\leq 0,2$ (eigene Darstellung der Berechnung aus SamIam)

---

manns, da die Trennung bereits eine Erklärung beziehungsweise ein Motiv zur Tat liefert, weshalb die Wahrscheinlichkeit für die Gewaltbereitschaft abnimmt. Diese Problematik der nicht intuitiven Veränderung von Wahrscheinlichkeiten wird in der juristischen Literatur diskutiert (Fenton/Neil 2013, 433-434) und insbesondere im Bereich der Rechtsinformatik werden graphische Ansätze zur Erklärung solcher nicht intuitiven Veränderungen untersucht (Keppens 2016, 63-72).

Es ist festzustellen, dass das Netz insbesondere sensibel auf eine Änderung der Wahrscheinlichkeiten bei den Informationsvariablen *Blutspuren Nklg Messer*, *DNA K Messergriff* sowie *DNA K Tampon* reagiert. Beispielsweise könnte die Wahrscheinlichkeit, dass nur wenige Blutspuren der Nebenklägerin am Messer gefunden werden, wenn Kachelmann nicht schuldig und die DNA-Analyse genau ist, von zehn auf 34 Prozent erhöht werden. Inwiefern diese Änderung in der Praxis sinnvoll erscheint, kann aufgrund der vorliegenden Informationen zum Sachverhalt nicht beantwortet werden. Hier wäre beispielsweise die Meinung von Experten einzuholen. Gleiches gilt für die vorgeschlagenen Änderungen der Wahrscheinlichkeiten, dass deutliche Spuren von Kachelmann am Tampon gefunden werden. Die Erhöhung der Wahrscheinlichkeit von 31,25 auf 92 Prozent, undeutliche Spuren von Kachelmann am Messergriff zu finden, wenn er nicht schuldig und die DNA-Analyse genau ist, erscheint dagegen unrealistisch hoch. Die Information, dass das Netz sensibel auf Veränderungen der Beweismittelparameter reagiert, kann allerdings für die Investition weiterer Ressourcen in diesem Bereich genutzt werden, um ein besser fundiertes Ergebnis bezüglich der Likelihoods zu erlangen. Weiterhin ergibt die Sensitivitätsanalyse, dass die A-Priori-Wahrscheinlichkeit für die Gewaltbereitschaft Kachelmanns von achtzig auf 55 Prozent verringert werden müsste, um einen Wert von maximal zwanzig Prozent für die Hypothesenvariable zu erreichen. Da die Wahrscheinlichkeit für die Gewaltbereitschaft Kachelmanns anhand von Zeugenaussagen seiner ehemaligen Partnerinnen festgelegt wurde, könnte auch in diesem Bereich in der Praxis intensiver nachgeforscht werden, indem die Beziehungszeuginnen beispielsweise erneut verhört werden oder das Gutachten eines Psychologen eingeholt wird. Alternativ bestünde die Möglichkeit, P(K setzt sich ab = wahr | K schuldig? = wahr) von sechzig auf 85 Prozent zu erhöhen. Schließlich wird vorgeschlagen, die Wahrscheinlichkeit für Kachelmanns Schuld von 95 auf 68 Prozent zu senken, wenn Kachelmann in der Wohnung der Nebenklägerin war, eine Trennung stattgefunden hat und Kachelmann gewalttätig ist. Dieses erscheint eher unrealistisch, da Kachelmann in einem solchen Fall sowohl die Gelegenheit als auch das Motiv zur Tat gehabt hätte und zudem gewalttätig wäre. Es kann also geschlossen werden, dass die alleinige Veränderung dieses Parameters keine Auswirkungen auf die Wahrscheinlichkeit für die Wahrheit der Hypothesenvariablen hat. Auch eine Veränderung der Wahrscheinlichkeit für den Wahrheitsgehalt der Aussage der Nebenklägerin und den dazugehörigen Knoten sowie für einen möglichen Gedächtnisverlust kann alleine nicht dazu führen kann, den Wert für die Schuld Kachelmanns auf maximal zwanzig Prozent sinken zu lassen. Gleiches gilt für die Variablen *Betrug durch K*, *Konfrontation* sowie *Trennung*.

Das Ergebnis der Sensitivitätsanalyse, wenn die Wahrscheinlichkeit für die Schuld Kachelmanns weiter auf maximal fünf Prozent gesenkt werden soll, ist in Tabelle 6 dargestellt.

Parameter	Aktueller Wert	Vorgeschlagener Wert	Änderung Logarithmus der Chancen
P(DNA K Tampon = deutlich | K schuldig? = wahr, Genauigkeit = wahr)	0,5	≤ 0,004	≥ 5,48
P(K schuldig? = wahr | K in Wohnung = wahr, K gewalttätig = wahr, Trennung = wahr)	0,95	≤ 0,24	≥ 4,08
P(K gewalttätig = wahr)	0,8	≤ 0,13	≥ 3,25
P (K setzt sich ab = wahr | K schuldig? = wahr)	0,6	≥ 0,97	≥ 3,05

Tabelle 6: Sensitivitätsanalyse für die Bedingung K schuldig? ≤ 0,05 (eigene Darstellung der Berechnung aus SamIam)

Erwartungsgemäß bestehen in diesem Fall weniger Möglichkeiten, den gewünschten Wert zu erreichen und auch die vorgeschlagenen Änderungen fallen wertbezogen größer aus. Beispielsweise müsste die Wahrscheinlichkeit, dass deutliche Spuren von Kachelmann am Tampon gefunden werden, wenn Kachelmann schuldig und die DNA-Analyse genau ist, von fünfzig auf weniger als ein Prozent gesenkt werden. Dieses scheint unrealistisch, da in einem solchen Fall a-priori mit sehr geringer Wahrscheinlichkeit davon auszugehen wäre, dass Kachelmann den Tampon nicht berührt hat, obwohl er die Tat begangen hätte. Hieraus kann also der Schluss gezogen werden, dass eine Veränderung der Wahrscheinlichkeit des Parameters *DNA K Tampon* alleine nicht dazu führen kann, einen Wert von maximal fünf Prozent für die Hypothesenvariable zu erreichen. Gleiches gilt wie bereits bei der vorherigen Sensitivitätsanalyse festgestellt für den Parameter *K schuldig?*. Auch die Veränderung der Wahrscheinlichkeit des Parameters *K setzt sich ab* von sechzig auf 97 Prozent erscheint unrealistisch hoch. In der Praxis könnte aber gegebenenfalls der Parameter *K gewalttätig* näher betrachtet werden, wenn eine Wahrscheinlichkeit für die Hypothesenvariable von maximal fünf Prozent erreicht werden soll, indem hier weitere Ressourcen investiert werden.

In einem nächsten Schritt wird untersucht, welche Variablen a-priori verändert werden müssten, um eine Wahrscheinlichkeit für die Schuld Kachelmanns von achtzig Prozent zu erreichen. Das Ergebnis der entsprechenden Sensitivitätsanalyse ist in Tabelle 7 abgebildet.

Parameter	Aktueller Wert	Vorgeschlagener Wert	Änderung Logarithmus der Chancen
P(Blutspuren Nklg Messer = wenige | K schuldig? = wahr, Genauigkeit = wahr)	0,0625	≥ 0,54	≥ 2,88
P(DNA K Messergriff = undeutlich | K schuldig? = wahr, Genauigkeit = wahr)	0,0625	≥ 0,54	≥ 2,88
P(DNA K Messergriff = undeutlich | K schuldig? = falsch, Genauigkeit = wahr)	0,3125	≤ 0,023	≥ 2,96
P(DNA K Tampon = deutlich | K schuldig? = falsch, Genauigkeit = wahr)	0,25	≤ 0,012	≥ 3,30
P(K schuldig? = wahr | K in Wohnung = wahr, K gewalttätig = falsch, Trennung = wahr)	0,1	≥ 0,97	≥ 5,65
P (K setzt sich ab = wahr | K schuldig? = falsch)	0,2	≥ 0,86	≥ 3,22

Tabelle 7: Sensitivitätsanalyse für die Bedingung K schuldig? ≥ 0,8 (eigene Darstellung der Berechnung aus SamIam)

Die Parameter, die verändert werden müssten, um einen Wert für die Schuld Kachelmanns von mindestens achtzig Prozent zu erreichen, sind dieselben wie bei den vorherigen Sensitivitätsanalysen, allerdings müssen nun stärkere Veränderungen vorgenommen werden, um die gewünschte Wahrscheinlichkeit zu erreichen. Dieses ist einleuchtend, da sich durch die Instanziierung eine Wahrscheinlichkeit von unter fünfzig Prozent für die Schuld Kachelmanns ergeben hat. Auch bei dieser Sensitivitätsanalyse sind insbesondere die Beweismittelparameter zu betrachten. Beispielsweise könnten die Wahrscheinlichkeiten, wenige Blutspuren der Nebenklägerin am Messer beziehungsweise undeutliche DNA-Spuren Kachelmanns am Messergriff zu finden, wenn Kachelmann schuldig und die DNA-Analysen genau sind, von 6,25 auf 54 Prozent erhöht werden. Diese Veränderungen sind kritisch zu betrachten, weil in den Gutachten festgehalten wurde, dass bei einem Tatablauf, wie er von der Nebenklägerin beschrieben wurde, deutliche Spuren Kachelmanns sowie der Nebenklägerin am Messer zu finden sein müssten oder unter Umständen keine Spuren vorhanden wären, wenn das Messer abgewischt wurde. Undeutliche Spuren seien gemäß der Gutachten nicht zu erwarten, weshalb eine Wahrscheinlichkeit von 54 Prozent hierfür verhältnismäßig hoch erscheint. Alternativ bestünde die Möglichkeit, die Wahrscheinlichkeit für das Auffinden undeutlicher Spuren Kachelmanns am Messergriff oder deutlicher Spuren Kachelmanns am Tampon, wenn Kachelmann unschuldig und die DNA-Analysen genau sind, von 31,25 auf 2,3 Prozent beziehungsweise von 25 auf 1,2 Prozent zu reduzieren. Nicht realistisch sind dagegen die vorgeschlagenen Veränderungen der Variablen *K schuldig?* sowie *K setzt sich ab.* Die Wahrscheinlichkeit für Ersteres soll von zehn auf 97 Prozent erhöht werden, wenn Kachelmann zwar in der Wohnung war und auch eine Trennung stattgefunden hat, er aber nicht gewalttätig ist. Auch eine Veränderung der Wahrscheinlichkeit von zwanzig auf 86 Prozent, dass Kachelmann sich absetzt, obwohl er nicht schuldig ist, erscheint unrealistisch hoch.

Um die Sensitivitätsanalyse zu vervollständigen, wird im Folgenden eine Wahrscheinlichkeit für die Schuld Kachelmanns von 95 Prozent angenommen.[15] Das Ergebnis ist in Tabelle 8 dargestellt.

Parameter	Aktueller Wert	Vorgeschlagener Wert	Änderung Logarithmus der Chancen
P (K setzt sich ab = wahr | K schuldig? = falsch)	0,2	≥ 0,97	≥ 4,90

Tabelle 8: Sensitivitätsanalyse für die Bedingung K schuldig? ≥ 0,95 (eigene Darstellung der Berechnung aus SamIam)

Es wird lediglich die Veränderung der Wahrscheinlichkeit für die Variable *K setzt sich ab* von zwanzig auf 97 Prozent vorgeschlagen, wenn Kachelmann nicht schuldig ist. Wie bereits erläutert, ist diese Wahrscheinlichkeit unrealistisch hoch. Sie würde implizieren, dass sich von hundert unschuldig Angeklagten ca. 97 in Ausland absetzen, allein aus Angst, unschuldig verurteilt zu werden. Es kann also der Schluss gezogen werden, dass es nicht möglich ist, in dem vorhandenen Netz bei gegebener Instanziierung eine Wahrscheinlichkeit von mindestens 95 Prozent für die Schuld Kachelmanns zu erreichen.

---

[15]Die Wahrscheinlichkeit von 95 Prozent wurde als „hohe Wahrscheinlichkeit" willkürlich gewählt. Damit soll nicht unterstellt werden, dass eine subjektive richterliche Überzeugung von der Schuld des Angeklagten von 95 Prozent das Beweismaß darstellt (was dann zu einer Verurteilung führen würde). Zur Problematik einer quantitativen Bestimmung des Beweismaßes vgl. ausführlich Schweizer (2015), 443 ff. sowie Fünfter Teil, VII.

6 Zusammenfassung

In der deutschen Rechtsprechung kann der Richter ohne Bindung an gesetzliche Regeln entscheiden, ob eine Tatsachenbehauptung als bewiesen anzusehen ist, was als Grundsatz der freien Beweiswürdigung bezeichnet wird. Allerdings müssen die Gründe für das Urteil mitgeteilt und die Denkgesetze sowie die Erfahrungssätze eingehalten werden (vgl. 2.1). Letztere sorgen für eine rationale Entscheidung und machen die richterliche Überzeugungsbildung transparent (vgl. 2.5). Für das Urteil, ob der Beweis für eine Tatsachenbehauptung erbracht worden ist, muss ein Schwellenwert, das sogenannte Beweismaß, überschritten werden, welcher allerdings weder in der Rechtsprechung noch in der Lehre mit Wahrscheinlichkeitswerten konkretisiert wird (vgl. 2.2). Zur Unterstützung bei der Urteilsfindung können Beweismittel herangezogen werden (vgl. 2.3). Diese sollten dabei die Fähigkeit aufweisen, den Richter bezüglich seiner Überzeugung zu einem bestimmten Sachverhalt zu beeinflussen (vgl. 2.3). In der Jurisprudenz ist zudem zwischen Haupt- und Hilfstatsachen sowie dem Indizienbeweis zu unterscheiden (vgl. 2.4).

Die Überzeugung des Richters zur Wahrheit von Tatsachenbehauptungen lässt sich als eine subjektive Wahrscheinlichkeit interpretieren. Zunächst trifft der Richter bestimmte Annahmen über die Wahrscheinlichkeit eines Ereignisses, bevor zusätzliche Informationen, die im Verlauf des Prozesses aufgenommen werden, die Wahrscheinlichkeit verändern (vgl. 1). Diese Vorgehensweise folgt dem Grundgedanken von Bayes' Regel, die sich unmittelbar aus der Definition der bedingten Wahrscheinlichkeiten ableiten lässt (vgl. 3.1). Besondere Bedeutung wird hierbei dem Likelihood-Quotienten beigemessen, der die abstrakte Beweiskraft eines Indizes wiedergibt. Diese ist abhängig davon, wie häufig das Indiz bei der Haupttatsache im Verhältnis zu der Häufigkeit des Indizes bei der Nicht-Haupttatsache vorkommt (vgl. 3.2.1). Um das Zusammenwirken mehrerer Indizien auszuwerten, können der Beweisring oder die Beweiskette herangezogen werden. Dies ist jedoch an restriktive Annahmen geknüpft (vgl. 3.2.2). Die Verwendung von Bayes' Regel in der juristischen Beweiswürdigung stößt vielfach auf Kritik, zum Beispiel bezüglich der Zuweisung von numerischen Werten zu Beweismitteln, der Subjektivität bei der Festlegung der A-Priori-Wahrscheinlichkeiten, Verständnisschwierigkeiten von Bayes' Regel bei Nicht-Mathematikern sowie der fehlenden Eignung zur Abbildung komplexer Sachverhalte. Für die Darstellung dieser können Bayessche Netze allerdings als Hilfsmittel dienen, die mit den Axiomen der Wahrscheinlichkeitstheorie konform sind und damit die logische Konsistenz der Entscheidungsfindung gewährleisten (vgl. 3.3).

Bei einem Bayesschen Netz handelt es sich um einen direkten azyklischen Graph, dessen Variablen eine beliebige Anzahl an Zuständen aufweisen können. Serielle, divergierende oder konvergierende Verbindungen bestimmen den Informationsfluss innerhalb des Netzes (vgl. 4.1.1). Für jeden Kindknoten werden bedingte Wahrscheinlichkeitsverteilungen hinzugefügt, welche die Stärke des kausalen Einflusses der Elternknoten wiederspiegeln. Bei Wurzelknoten werden die unbedingten Wahrscheinlichkeitsverteilungen herangezogen. Bayessche Netze erfüllen die Markov-Bedingung, weshalb für die Berechnung des Zustandes einer Variablen lediglich deren Elternknoten berücksichtigt werden müssen (vgl. 4.1.2). Bei der Erstellung eines Bayesschen Netzes werden die Variablen zunächst in Hypothesen-, Informations- sowie verdeckte Variablen unterteilt und definiert, bevor deren mögliche Zustände festgelegt werden. Für die Abbildung von verdeckten Variablen können dabei sogenannte Idiome herangezogen werden, wie beispielsweise zur Genauigkeit von Beweismitteln oder zur Gelegenheit und zum Motiv eines Angeklagten. In ein Bayessches Netz können ferner bestätigend oder kumulativ redundante, aber auch fehlende Beweismittel integriert werden (vgl. 4.2.1). Um die direkten Abhängigkeiten zwischen den Variablen darzustellen, werden die Knoten durch Pfeile miteinander verbunden (vgl. 4.2.2). In einem weiteren Schritt muss das Netz parametrisiert werden, indem die (bedingten) A-Priori-Wahrscheinlichkeiten in die Wahrscheinlichkeitstabellen eingetragen werden. Daraufhin ist das Netz bereit für die Abfrage, wobei die A-Posteriori-Wahrscheinlichkeiten bei gegebenen Beweismitteln analog zu Bayes' Regel im zweidimensionalen Fall generiert werden (vgl. 4.2.3). Um schließlich den Einfluss von Änderungen in den unterstellten A-Priori-Wahrscheinlichkeiten festzustellen oder die Stärke und Relevanz eines Beweismittels auf die Haupttatsache zu messen, kann die ein- oder mehrstufige Sensitivitätsanalyse verwendet werden (vgl. 4.3).

Für das Aufzeigen der Anwendbarkeit eines Bayesschen Netzes in der Jurisprudenz wurde ein solches für das Strafverfahren gegen den Wettermoderator Jörg Kachelmann erstellt. Hierbei wurden die Beweise, die im Verlauf des Prozesses eine Rolle gespielt haben, in das Netz integriert. Um die bedingten A-Priori-Wahrscheinlichkeiten festzulegen, wurden Plausibilitätsüberlegungen angestellt und, wo möglich, empirische Befunde herangezogen. A-priori ergibt sich dabei eine Wahrscheinlichkeit von 66 Prozent für die Hypothesenvariable, dass Kachelmann die Nebenklägerin vergewaltigt und ihr dabei schwere Verletzungen zugefügt hat. Nach Instanzierung der Variablen resultiert eine A-Posteriori-Wahrscheinlichkeit von 41 Prozent, dass Kachelmann schuldig ist. Dies ist mit der Entscheidung der Richter vereinbar, welche Kachelmann aufgrund begründeter Zweifel an seiner Schuld freigesprochen haben, ohne dass dabei die Schuld Kachelmanns zweifelsfrei nachgewiesen ist. Durch Änderung von bedingten A-Priori-

Wahrscheinlichkeiten insbesondere bei den Beweismitteln der Blutspuren der Neben-klägerin am Messer, der DNA von Kachelmann am Messergriff sowie der DNA von Kachelmann am Tampon kann die A-Posteriori-Wahrscheinlichkeit für die Hypothesen-variable bei gegebener Instanziierung allerdings sowohl verringert als auch erhöht wer-den. Eine sensible Reaktion des Netzes ist auch bei Parameteränderungen bestimmter bedingter Wahrscheinlichkeiten der Hypothese, ob Kachelmann schuldig ist, festzustel-len, ebenso wie bei den Variablen, die die Gewaltbereitschaft Kachelmanns und die Möglichkeit sich ins Ausland abzusetzen wiederspiegeln. Gemäß des Bayesschen Net-zes waren diese Beweismittel im Prozess daher von größter Relevanz für die Urteilsfin-dung (vgl. 5). Die Sensitivitätsanalyse zeigt ferner, dass für die a-priori angenommenen Wahrscheinlichkeiten zu den im Rahmen der einstufigen Sensitivitätsanalyse jeweils einzeln betrachteten Beweismitteln extreme Werte angenommen werden müssten, um eine sehr hohe (95-prozentige) oder sehr geringe (fünfprozentige) Schuldwahrschein-lichkeit Kachelmanns zu erhalten.

7 Fazit und Ausblick

Wie bereits in Abschnitt 1.1 erläutert, sollen Bayessche Netze dabei helfen, den Beweiswürdigungsprozess zu strukturieren und die Argumentation kohärent zu gestalten, ohne dabei notwendigerweise als unmittelbares Entscheidungsinstrument zu dienen. Dabei muss sich der betrachtete Rechtsfall zunächst als antizyklischer Graph darstellen lassen, das heißt, es dürfen keine Zirkelbeziehungen beziehungsweise Wechselwirkungen zwischen den Variablen bestehen, die Wirkungsrichtung muss also eindeutig festgelegt sein. Neben den subjektiven Annahmen bezüglich der Abhängigkeiten zwischen den Variablen müssen solche Annahmen auch in Bezug auf die (bedingten) Wahrscheinlichkeiten für das Eintreten verschiedener Sachverhalte getroffen werden. Diese formale Modellierung entspricht dem Vorgehen des Richters bei der Urteilsfindung, da dieser ebenso zahlreiche Annahmen trifft, um zu einer Überzeugung zu gelangen, ohne dass Einigkeit bezüglich der Beweiskraft von Indizien besteht (Schweizer 2015, 249). Auch das Ergebnis des Bayesschen Netzes ist von den getroffenen Annahmen abhängig, die weitgehend ohne empirische Grundlage getroffen werden (Schweizer 2015, 248).

Beispielsweise könnte im Bayesschen Netz zu dem Strafverfahren gegen Kachelmann Uneinigkeit darüber bestehen, ob die Nebenklägerin a-priori tatsächlich zu vierzig Prozent wahrhaftig ist oder dieser Wert zu hoch beziehungsweise zu niedrig angesetzt wurde. Dies ist davon abhängig, wie relevant die urteilende Person die Lüge der Nebenklägerin bezüglich des Briefes sowie der Kontaktaufnahme zu Kachelmanns Geliebter einschätzt. Wird daraus auf eine grundsätzliche Unwahrhaftigkeit der Nebenklägerin geschlossen, ist unter Umständen eine niedrigere A-Priori-Wahrscheinlichkeit als vierzig Prozent angemessen. Interpretiert der Richter die Falschaussage der Nebenklägerin indes, wie von ihr selbst ausgesagt, als Notlüge, könnte auch eine höhere A-Priori-Wahrscheinlichkeit angenommen werden. Eine ähnliche Diskussion ist in Bezug auf die bedingten Wahrscheinlichkeiten für die Variable *K setzt sich ab* denkbar. Auch hier differieren unter Umständen die Meinungen, wie wahrscheinlich eine Flucht ins Ausland vor der Gerichtsverhandlung bei einer Schuld beziehungsweise Unschuld des Angeklagten ist.

Bayessche Netze verdeutlichen die Komplexität der Beweiswürdigung, allerdings wird anhand der oben genannten Beispiele deutlich, dass ein Bayessches Netz nicht dabei helfen kann, fehlendes Wissen zu ersetzen. Es kann allerdings mittels der Sensitivitätsanalyse festgestellt werden, welches Wissen relevant ist und welche Annahmen den größten Einfluss auf die Überzeugungsbildung haben (Schweizer 2015, 249). Die Sensitivitätsanalyse hat ergeben, dass die Wahrhaftigkeit der Nebenklägerin für die Ermittlung der Schuld Kachelmanns für sich genommen eine untergeordnete Rolle spielt. Im Gegensatz dazu kann sich die alleinige Änderung der bedingten A-Priori-Wahrscheinlichkeiten dafür, dass Kachelmann sich ins Ausland absetzt, wenn er schuldig beziehungsweise unschuldig ist, sowohl belastend als auch entlastend auswirken. Das Bayessche Netz trägt also dazu bei, für größere Transparenz in der Rechtsprechung beziehungsweise der richterlichen Überzeugungsfindung zu sorgen und besser darüber entscheiden zu können, bei welchen Aspekten des Sachverhalts eine Investition von Ressourcen lohnenswert ist.

In der Arbeit wurde eine einstufige Sensitivitätsanalyse durchgeführt, um die bedeutsamsten Annahmen für die Entscheidungsfindung zu ermitteln. In zukünftigen Arbeiten könnte für das vorhandene Netz stattdessen eine mehrstufige Sensitivitätsanalyse herangezogen werden. Dies hätte den Vorteil, dass zwar mehr simultan Parameter geändert werden müssten, um zu einem bestimmten Wahrscheinlichkeitswert zu gelangen, diese Änderungen aber gegebenenfalls weniger drastisch ausfallen könnten. Zudem wäre die Durchführung einer empirischen Studie von Interesse, mithilfe derer Möglichkeiten aufgezeigt werden, inwiefern Bayessche Netze tatsächlich in die praktische Rechtsprechung integriert werden könnten und welche Bedenken dafür bei den entsprechenden Entscheidungsträgern ausgeräumt werden müssten. Kritisch anzumerken ist, dass das im Rahmen dieser Masterarbeit entwickelte Bayessche Netz auf Grundlage eines bestehenden Urteils erstellt wurde. Hierdurch wurden die Wahrscheinlichkeitsannahmen unter Umständen durch die Vorab-Information des Urteils beeinflusst. In der Praxis sollen Bayessche Netze allerdings als zusätzliches Entscheidungsinstrument für den Richter bei der Urteilsfindung dienen, weshalb in weiteren Forschungsvorhaben zu diesem Themengebiet die Erstellung eines Bayesschen Netzes zu einem laufenden Prozess von Interesse wäre.

Literaturverzeichnis

Al-Hames, Marc A. (2008): Graphische Modelle in der Mustererkennung. 1. Auflage. München: Technische Universität.

Automated Reasoning Group (2004-2010a): Sensitivity Analysis. Online im Internet unter: http://reasoning.cs.ucla.edu/samiam/help/ (Stand: 22.06.2016; Abfrage: 22.06.2016; [MEZ] 12:38).

Automated Reasoning Group (2004-2010b): SamIam. Online im Internet unter: http://reasoning.cs.ucla.edu/samiam/ (Stand: 14.07.2016; Abfrage: 14.07.2016; [MEZ] 10:11).

Balzer, Christian (2011): Beweisaufnahme und Beweiswürdigung im Zivilprozess: Eine systematische Darstellung und Anleitung für die gerichtliche und anwaltliche Praxis. 3., neu bearbeitete Auflage. Berlin: Erich Schmidt Verlag.

Baumbach, Adolf/Lauterbach, Wolfgang/Albers, Jan/Hartmann, Peter (2016): Zivilprozessordnung. 74., völlig neubearbeitete Auflage. München: C. H. Beck. In: Beck'sche Kurz-Kommentare, Band 1.

Baumgärtel, Gottfried/Laumen, Hans-Willi/Prütting, Hanns (2016): Handbuch der Beweislast. 3., neu bearbeitete und erweiterte Auflage. Köln: Heymanns.

Bender, Rolf/Nack, Armin (1983): Vom Umgang der Juristen mit der Wahrscheinlichkeit. In: Schmidt-Hieber, Werner/Wassermann, Rudolf (Hrsg.): Justiz und Recht: Festschrift aus Anlaß des 10jährigen Bestehens der Deutschen Richterakademie in Trier. Heidelberg: Müller, 263-275.

Bender, Rolf/Nack, Armin (1995): Tatsachenfeststellung vor Gericht. Band 1: Glaubwürdigkeits- und Beweislehre. 2. Auflage. München: Verlag C. H. Beck.

Berger-Steiner, Isabelle (2008): Das Beweismass im Privatrecht: Eine dogmatische Untersuchung mit Erkenntniswert für die Praxis und die Rechtsfigur der Wahrscheinlichkeitshaftung. In: Hausheer, Heinz (Hrsg.): Abhandlungen zum schweizerischen Recht. Bern: Stämpfli Verlag AG.

BGH (1989): Aktenzeichen VI ZR 232/88. Online im Internet unter: https://www.jurion.de/Urteile/BGH/1989-03-28/VI-ZR-232_88 (Stand: nicht verfügbar; Abfrage: 24.06.2016; [MEZ] 14:09)

Biedermann, Alex/Taroni, Franco (2006): Bayesian networks and probabilistic reasoning about scientific evidence when there is a lack of data. In: Forensic Science International, 2006 (157), 163-167.

Bovens, Luc/Hartmann, Stephan (2006): Bayesianische Erkenntnistheorie. 1. Auflage. Paderborn: mentis.

Bruns, Rudolf (1978): Beweiswert. In: Zeitschrift für Zivilprozessrecht, 1978 (91), 64-71.

Büchter, Andreas/Henn, Hans-Wolfgang (2007): Elementare Stochastik: Eine Einführung in die Mathematik der Daten und des Zufalls. 2., überarbeitete und erweiterte Auflage. Berlin/Heidelberg: Springer.

Chan, Hei/Darwiche, Adnan (2002): When do Numbers Really Matter? In: Journal of Artificial Intelligence Research, 2002 (17), 265-287.

Charniak, Eugene (1991): Bayesian Networks without Tears. In: AI Magazine, 12 (4), 50-63.

Dahlkamp, Jürgen/Kaiser, Simone/Schmid, Barbara (2010): "Er schläft mit ihr!". In: Der Spiegel, 2010 (23), 58-65.

Dammann, Jens (2007): Materielles Recht und Beweisrecht im System der Grundfreiheiten. In: Jus Publicum, 162. Tübingen: Mohr Siebeck.

dapd (2010): Gutachter im Kachelmann-Prozess: Spuren am Messer nicht eindeutig. Online im Internet unter: http://www.faz.net/aktuell/gesellschaft/gutachter-im-kachelmann-prozess-spuren-am-messer-nicht-eindeutig-1576031.html (Stand: 30.05.2016; Abfrage 08.07.2016; [MEZ] 13:50).

Darwiche, Adnan (2009): Modeling and Reasoning with Bayesian Networks. 1. Auflage. Los Angeles: Cambridge.

Edwards, Ward (1991): Influence Diagrams, Bayesian Imperialism, and the Collins Case: An Appeal to Reason. In: Cardozo Law Review, 1991 (13), 1025-1074.

Ekelöf, Per Olof (1981): Beweiswert. In: Grunsky, Wolfgang/Stürner, Rolf/Walter, Gerhard/Wolf, Manfred (Hrsg.): Festschrift für Fritz Baur. Tübingen: J. C. B. Mohr, 343-363.

Ertel, Wolfgang (2009): Grundkurs Künstliche Intelligenz: Eine praxisorientierte Einführung. 2., überarbeitete Auflage. Wiesbaden: Vieweg + Teubner.

Evett, Iw (1995): Avoiding the transposed conditional. In: Science & Justice, 35 (2), 127-131.

Fahrmeir, Ludwig/Heumann, Christian/Künstler, Rita/Pigeot, Iris/Tutz, Gerhard (2016): Statistik: Der Weg zur Datenanalyse. 8., überarbeitete und ergänzte Auflage. Berlin/Heidelberg: Springer Spektrum.

Fenton, Norman/Neil, Martin (2011): Avoiding Probabilistic Reasoning Fallacies in Legal Practice using Bayesian Networks. In: Australian Journal of Legal Philosophy, 2011 (36), 114-150.

Fenton, Norman/Neil, Martin (2013): Risk Assessment and Decision Analysis with Bayesian Networks. 1. Auflage. Boca Raton: CRC Press.

Fenton, Norman/Neil, Martin/Lagnado, David A. (2013): A General Structure for Legal Arguments About Evidence Using Bayesian Networks. In: Cognitive Science, 2013 (37), 61-102.

Garbolino, Paolo/Taroni, Franco (2002): Evaluation of scientific evidence using Bayesian networks. In: Forensic Science International, 2002 (125), 149-155.

Geipel, Andreas (2013): Handbuch der Beweiswürdigung. 2. Auflage. Köln: ZAP Verlag.

Gräns, Minna (2002): Das Risiko materiell fehlerhafter Urteile. In: Schriften zum Prozeßrecht, 165. Berlin: Duncker & Humblot.

Greger, Reinhard (1978): Beweis und Wahrscheinlichkeit: Das Beweiskriterium im Allgemeinen und bei den sogenannten Beweiserleichterungen. In: Erlanger juristische Abhandlungen, 22. Köln/Berlin: Heymann.

Habscheid, Walther J. (1990): Beweislast und Beweismaß – Ein kontinentaleuropäisch-angelsächsischer Rechtsvergleich. In: Prütting, Hanns (Hrsg.): Festschrift für Gottfried Baumgärtel zum 70. Geburtstag. Köln et al.: Heymann, 105-120.

Hamelryck, Thomas (2012): An Overview of Bayesian Inference and Graphical Models. In: Hamelryck, Thomas/Mardia, Kanti/Ferkinghoff-Borg, Jesper (Hrsg.): Bayesian Methods in Structural Bioinformatics. Berlin/Heidelberg: Springer, 3-48.

Heckerman, David (1995): A Tutorial on Learning With Bayesian Networks. 1. Auflage. Redmond: Microsoft Research.

Held, Leonhard (2008): Methoden der statistischen Inferenz: Likelihood und Bayes. 1. Auflage. Heidelberg: Spektrum Akademischer Verlag.

Hepler, Amanda B./Dawid, Philip/Leucari, Valentina (2007): Object-oriented graphical representations of complex patterns of evidence. In: Law, Probability and Risk, (2007) 6, 275–293.

Holzhaider, Hans (2011): Er weiß es auch nicht. Online im Internet unter: http://www.sueddeutsche.de/panorama/kachelmann-prozess-gutachter-matterer-weiss-es-auch-nicht-1.1054133 (Stand: 10.10.2012; Abfrage: 08.07.2016; [MEZ] 14:01).

Howson, Colin/Urbach, Peter (1993): Scientific Reasoning: The Bayesian Approach. 2. Auflage. Chicago/La Salle: Open Court.

Huygen, P. E. M. (2004): Use of Bayesian Belief Networks in legal reasoning. In: 17th BILETA Annual Conference, 2004, 1-14.

Jauernig, Othmar/Hess, Burkhard (2011): Zivilprozessrecht. 30., völlig neu bearbeitete Auflage. München: Verlag C. H. Beck.

Jensen, Finn V./Nielsen, Thomas D. (2007): Bayesian Networks and Decision Graphs. 2. Auflage. New York: Springer.

Juchli, P./Biedermann, Alex/Taroni, Franco (2012): Graphical probabilistic analysis of the combination of items of evidence. In: Law, Probability and Risk, 2012 (11), 51-84.

Jüttner, Julia (2011): Urteil in Mannheim: Im Zweifel für Kachelmann. Online im Internet unter: http://www.spiegel.de/panorama/justiz/urteil-in-mannheim-im-zweifel-fuer-kachelmann-a-765928.html (Stand: 31.05.2011; Abfrage: 01.07.2016; [MEZ] 11:42).

Knellwolf, Thomas (2011): Die Akte Kachelmann: Anatomie eines Skandals. 1. Auflage. Zürich: orell füssli.

Kadane, Joseph B./Schum, David A. (1997): A probabilistic analysis of the Sacco and Vanzetti evidence. In: Wiley series in probability and statistics, Applied probability and statistics. New York: Wiley.

Keppens, Jeroen (2016): Explaining Bayesian Belief Revision for Legal Applications. In: Bex, Floris/Villata, Serena (Hrsg.): Legal Knowledge and Information Systems. Amsterdam/Berlin/Washington DC: IOS Press, Band 294, 63-72.

Kopp, Thomas/Schmidt, Johannes (2015): Die richterliche Überzeugung von der Wahrheit und der Indizienbeweis im Zivilprozess. In: Juristische Rundschau, 2015 (2), 51-59.

Kuchinke, Kurt (1964): Grenzen der Nachprüfbarkeit tatrichterlicher Würdigung und Feststellungen in der Revisionsinstanz: Ein Beitrag zum Problem von Rechts- und Tatfrage. In: Schiedermair, G./Bosch, F. W./Abraham, H.J. (Hrsg.): Schriften zum deutschen und europäischen Zivil-, Handels- und Prozessrecht. Bielefeld: Verlag Ernst und Werner Gieseking, Band 25.

Leipold, Dieter (1985): Beweismaß und Beweislast im Zivilprozeß. In: Schriftenreihe der Juristischen Gesellschaft zu Berlin, 93. Berlin/New York: Walter de Gruyter.

Lempert, Richard O. (1977): Modeling Relevance. In: Michigan Law Review, 75 (5/6), 1021-1057.

Levitt, Tod S./Blackmond Laskey, Kathrin (2001): Computational Inference for Evidential Reasoning in Support of Judicial Proof. In: Cardozo Law Review, 2001 (22), 1691-1731.

Mayrhofer, Ralf (2009): Kausales Denken, Bayes-Netze und die Markov-Bedingung. 1. Auflage. Göttingen: Georg-August-Universität.

Meder, Björn (2006): Seeing versus Doing: Causal Bayes Nets as Psychological Models of Causal Reasoning. 1. Auflage. Göttingen: Georg-August-Universität.

Meyer-Goßner, Lutz/Schmitt, Bertram (2015): Strafprozessordnung: Gerichtsverfassungsgesetz, Nebengesetze und ergänzende Bestimmungen. 58., neu bearbeitete Auflage. München: C. H. Beck. In: Beck'sche Kurz-Kommentare, Band 6.

Michels, Kurt (2000): Der Indizienbeweis im Übergang vom Inquisitionsprozeß zum reformierten Strafverfahren. 1. Auflage. Tübingen.

Neapolitan, Richard E./Morris, Scott (2004): Probabilistic Modeling With Bayesian Networks. In: Kaplan, David (Hrsg.): The Sage Handbook of Quantitative Methodology for the Social Sciences. Thousand Oaks et al.: Sage, 371-390.

Nell, Ernst Ludwig (1983): Wahrscheinlichkeitsurteile in juristischen Entscheidungen. In: Schriften zum öffentlichen Recht, 446. Berlin: Duncker & Humblot.

Pearl, Judea (1988): Probabilistic Reasoning in Intelligent Systems: Networks of Plausible Inference. 2., überarbeitete Auflage. San Francisco: Morgan Kaufmann Publishers.

Rao, Malempati Madhusudana (2005): Conditional Measures and Applications. 2. Auflage. Boca Raton: Chapman & Hall/CRC.

Rosenau, Henning (2014): § 203 StPO [Eröffnungsbeschluss]. In: Satzger, Helmut/Schluckebier, Wilhelm/Widmaier, Gunter (Hrsg.): StPO Strafprozessordnung Kommentar. Köln: Carl Heymanns Verlag, 1079-1080.

Rosenberg, Leo/Schwab, Karl Heinz/Gottwald, Peter (2010): Zivilprozessrecht. 17. Auflage. München: C. H. Beck.

Roxin, Claus/Schünemann, Bernd (2014): Strafverfahrensrecht: Ein Studienbuch. 28., neu bearbeitete Auflage. München: C. H. Beck.

Rückert, Sabine (2010): Schlacht um Kachelmann: Anklage wegen Vergewaltigung. Online im Internet unter: http://www.zeit.de/2010/51/DOS-Kachelmann/komplettansicht (Stand: 16.12.2010; Abfrage: 08.07.2016; [MEZ] 12:39).

Russell, Stuart/Norvig, Peter (2012): Künstliche Intelligenz: Ein moderner Ansatz. 3., aktualisierte Auflage. München: Pearson.

Satzger, Helmut/Schluckebier, Wilhelm/Widmaier, Gunter (2014): StPO Strafprozessordnung Kommentar. 1. Auflage. Köln: Carl Heymanns Verlag.

Schellhammer, Kurt (2012): Zivilprozess: Gesetz - Praxis - Fälle. 14., neu bearb. Aufl.. Heidelberg: C. R. Müller.

Schmidt, Andrea (1994): Grundsätze der freien richterlichen Beweiswürdigung im Strafprozeßrecht. In: Europäische Hochschulschriften, Reihe 2 (1550). Rechtswissenschaft.

Schmitt, Bertram (1992): Die richterliche Beweiswürdigung im Strafprozeß: Eine Studie zu Wesen und Funktion des strafprozessualen Grundsatzes der "freien Beweiswürdigung" sowie zu den Möglichkeiten und Grenzen einer Revision in Strafsachen; zugleich ein Beitrag zum Verhältnis von Kriminalistik und staatlicher Strafrechtspflege. In: Kriminalwissenschaftliche Abhandlungen, 28. Lübeck: Schmidt-Römhild.

Schneider, Egon (1994): Beweis und Beweiswürdigung: Unter besonderer Berücksichtigung des Zivilprozesses. 5., vollst. überarb. und erw. Aufl.. München: Verlag Vahlen.

Schum, David A./Martin, Anne W. (1982): Formal and Empirical Research on Cascaded Inference in Jurisprudence. In: Law & Society Review, 17 (1), 105-152.

Schweizer, Mark (2015): Beweiswürdigung und Beweismaß: Rationalität und Intuition. In: Jus privatum, 189. Tübingen: Mohr Siebeck.

Sonnenmoser, Marion (2006): Paartherapie: Keine Wertung vornehmen. In: Deutsches Ärzteblatt, 5 (6), 271-272.

Spiegel Online (2010a): Vorwurf der Vergewaltigung: Staatsanwälte klagen Moderator Kachelmann an. Online im Internet unter: http://www.spiegel.de/panorama/justiz/vorwurf-der-vergewaltigung-staatsanwaelte-klagen-moderator-kachelmann-an-a-695568.html (Stand: 19.05.2010; Abfrage: 08.07.2016; [MEZ] 11:00)

Spiegel Online (2010b): Vergewaltigungsvorwurf: Gutachterin zweifelt an Aussage von Kachelmanns Ex-Freundin. Online im Internet unter: http://www.spiegel.de/panorama/leute/vergewaltigungsvorwurf-gutachterin-zweifelt-an-aussage-von-kachelmanns-ex-freundin-a-698881.html (Stand: 05.06.2010; Abfrage: 08.07.2016; [MEZ] 14:07).

Spiegel Online (2011): Kachelmann-Prozess: Gutachter zweifelt an Erinnerungsverlust. Online im Internet unter: http://www.spiegel.de/panorama/leute/kachelmann-prozess-gutachter-zweifelt-an-erinnerungsverlust-a-747760.html (Stand: 25.02.2011; Abfrage: 08.07.2016; [MEZ] 14:11).

Statista (2016a): Wie würden Sie mit einem Seitensprung Ihres Partners umgehen? Online im Internet unter: http://de.statista.com/statistik/daten/studie/499/umfrage/verhalten-nach-einem-seitensprung/ (Stand: 26.07.2016; Abfrage: 26.07.2016; [MEZ] 14:24).

Statista (2016b): Nach dem Schmerz und der Trauer über eine Trennung oder einem Seitensprung kommt häufig die Wut auf den oder die Ex. „Rache ist süß", heißt es dann bei vielen. Haben Sie sich schon mal an einem Ex-Partner/einer Ex-Partnerin gerächt? Online im Internet unter: http://de.statista.com/statistik/daten/studie/425888/umfrage/umfrage-in-deutschland-zu-rache-am-ex-partner-der-ex-partnerin-nach-geschlecht/ (Stand: 26.07.2016; Abfrage: 26.07.2016; [MEZ] 16:01).

Statista (2016c): Interesse der Bevölkerung in Deutschland an medizinischen Fragen von 2012 bis 2016 (Personen in Millionen). Online im Internet unter: http://de.statista.com/statistik/daten/studie/170914/umfrage/interesse-an-medizin/ (Stand: 26.07.2016; Abfrage: 26.07.2016; [MEZ] 16:09).

Stein, Friedrich (1969): Das private Wissen des Richters: Untersuchungen zum Beweisrecht beider Prozesse. Neudr. d. Ausg. Leipzig 1893. Aalen: Scientia-Verlag.

Strafgesetzbuch in der Fassung der Bekanntmachung vom 13. November 1998 (BGBl. I S. 3322), das durch Artikel 8 des Gesetzes vom 26. Juli 2016 (BGBl. I S. 1818) geändert worden ist.

Strafprozessordnung in der Fassung der Bekanntmachung vom 7. April 1987 (BGBl. I S. 1074, 1319), die zuletzt durch Artikel 1 des Gesetzes vom 21. Dezember 2015 (BGBl. I S. 2525) geändert worden ist.

Stratenwerth, Günther/Kuhlen, Lothar (2011): Strafrecht Allgemeiner Teil: Die Straftat. 6., überarbeitete Auflage. München: Vahlen.

Taroni, Franco/Biedermann, Alex/Garbolino, Paolo/Aitken, Colin G. G. (2004): A general approach to Bayesian networks for the interpretation of evidence. In: Forensic Science International, 2004 (139), 5-16.

Thagard, Paul (2003): Why wasn't O.J. convicted? Emotional coherence in legal inference. In: Cognition and Emotion, 17 (3), 361-383.

Tillers, Peter (2011): Trial by mathematics – reconsidered. In: Law, Probability and Risk, 2011 (10), 167-173.

Timmer, Sjoerd T./Meyer, John-Jules Ch./Prakken, Henry/Renooij, Silja/Verheij, Bart (2015): A structure-guided approach to capturing bayesian reasoning about legal evidence in argumentation. In: Atkinson, Katie (Hrsg.): Proceedings of the 15th International Conference on Artificial Intelligence and Law, 109-118.

Tribe, Laurence H. (1971): Trial by Mathematics: Precision and Ritual in the Legal Process. In: Harvard Law Review, 84 (6), 1329-1393.

Verheij, Bart/Bex, Floris/Timmer, Sjoerd T./Vlek, Charlotte S./Meyer, John-Jules Ch./Renooij, Silja/Prakken, Henry (2016): Arguments, scenarios and probabilities: connections between three normative frameworks for evidential reasoning. In: Law, Probability and Risk, 15 (1), 35-70.

Vlek, Charlotte Stephanie (2016): When Stories and Numbers Meet in Court: Constructing and Explaining Bayesian Networks for Criminal Cases with Scenarios. Groningen: Rijksuniversiteit Groningen.

Walter, Gerhard (1979): Freie Beweiswürdigung. In: Tübinger rechtswissenschaftliche Abhandlungen, 51. Tübingen: Mohr.

Zivilprozessordnung in der Fassung der Bekanntmachung vom 5. Dezember 2005 (BGBl. I S. 3202; 2006 I S. 431; 2007 I S. 1781), die zuletzt durch Artikel 3 des Gesetzes vom 11. März 2016 (BGBl. I S. 396) geändert worden ist.

Anhang

Wahrscheinlichkeitstabellen für das Bayessche Netz zu dem Strafverfahren gegen Jörg Kachelmann

K in Wohnung	
wahr	1
falsch	0

Tabelle 1: A-Priori-Wahrscheinlichkeiten für den Knoten *K in Wohnung*

K gewalttätig	
wahr	0,8
falsch	0,2

Tabelle 2: A-Priori-Wahrscheinlichkeiten für den Knoten *K gewalttätig*

Zuverlässigkeit	
wahr	0,5
falsch	0,5

Tabelle 3: A-Priori-Wahrscheinlichkeiten für den Knoten *Zuverlässigkeit* der Belastungszeuginnen

	K gewalttätig			
	wahr		falsch	
	Zuverlässigkeit Belastungszeuginnen			
Zeugenaussagen	wahr	falsch	wahr	falsch
wahr	1	0,5	0,5	0
falsch	0	0,5	0,5	1

Tabelle 4: A-Priori-Wahrscheinlichkeiten für den Knoten *Zeugenaussagen*

	K schuldig?	
K setzt sich ab	wahr	falsch
wahr	0,6	0,2
falsch	0,4	0,8

Tabelle 5: A-Priori-Wahrscheinlichkeiten für den Knoten *K setzt sich ab*

Genauigkeit	
wahr	0,9
falsch	0,1

Tabelle 6:   A-Priori-Wahrscheinlichkeiten für den Knoten *Genauigkeit* des Beweismittels DNA K Tampon

	K schuldig?			
	wahr		falsch	
	Genauigkeit			
DNA K Tampon	wahr	falsch	wahr	falsch
deutlich	0,5	0,33	0,25	0,33
undeutlich	0,5	0,33	0,25	0,33
keine	0	0,33	0,5	0,33

Tabelle 7:   A-Priori-Wahrscheinlichkeiten für den Knoten *DNA K Tampon*

Genauigkeit	
wahr	0,9
falsch	0,1

Tabelle 8:   A-Priori-Wahrscheinlichkeiten für den Knoten *Genauigkeit* des Beweismittels DNA K Messergriff

	K schuldig?			
	wahr		falsch	
	Genauigkeit			
DNA K Messergriff	wahr	falsch	wahr	falsch
deutlich	0,625	0,33	0,0625	0,33
undeutlich	0,0625	0,33	0,3125	0,33
keine	0,3125	0,33	0,625	0,33

Tabelle 9:   A-Priori-Wahrscheinlichkeiten für den Knoten *DNA K Messergriff*

Genauigkeit	
wahr	0,9
falsch	0,1

Tabelle 10: A-Priori-Wahrscheinlichkeiten für den Knoten *Genauigkeit* des Beweismittels Blutspuren Nklg Messer

	K schuldig?			
	wahr		falsch	
	Genauigkeit			
Butspuren Nklg Messer	wahr	falsch	wahr	falsch
viele	0,625	0,33	0,05	0,33
wenige	0,0625	0,33	0,1	0,33
keine	0,3125	0,33	0,85	0,33

Tabelle 11: A-Priori-Wahrscheinlichkeiten für den Knoten *Blutspuren Nklg Messer*

	K schuldig?	
Gedächtnisverlust Nklg	wahr	falsch
wahr	0,5	0
falsch	0,5	1

Tabelle 12: A-Priori-Wahrscheinlichkeiten für den Knoten *Gedächtnisverlust Nklg*

Betrug durch K	
wahr	0,21
falsch	0,79

Tabelle 13: A-Priori-Wahrscheinlichkeiten für den Knoten *Betrug durch K*

	Betrug durch K	
Konfrontation	wahr	falsch
wahr	0,89	0
falsch	0,11	1

Tabelle 14: A-Priori-Wahrscheinlichkeiten für den Knoten *Konfrontation*

	Konfrontation	
Trennung	wahr	falsch
wahr	0,34	0
falsch	0,66	1

Tabelle 15: A-Priori-Wahrscheinlichkeiten für den Knoten *Trennung*

	Betrug durch K	
Vergeltung Nklg	wahr	falsch
wahr	0,28	0
falsch	0,72	1

Tabelle 16: A-Priori-Wahrscheinlichkeiten für den Knoten *Vergeltung Nklg*

Interesse an Selbstheilung	
wahr	0,25
falsch	0,75

Tabelle 17: A-Priori-Wahrscheinlichkeiten für den Knoten *Interesse an Selbstheilung*

	Vergeltung Nklg			
	wahr		falsch	
	Interesse an Selbstheilung			
Fotos von Hämatomen	wahr	falsch	wahr	falsch
wahr	0,4	0,2	0,6	0
falsch	0,6	0,8	0,4	1

Tabelle 18: A-Priori-Wahrscheinlichkeiten für den Knoten *Fotos von Hämatomen*

	Betrug durch K	
Objektivität	wahr	falsch
wahr	0,5	1
falsch	0,5	0

Tabelle 19: A-Priori-Wahrscheinlichkeiten für den Knoten *Objektivität* der Nklg

Wahrhaftigkeit	
wahr	0,4
falsch	0,6

Tabelle 20: A-Priori-Wahrscheinlichkeiten für den Knoten *Wahrhaftigkeit* der Nklg

	Gedächtnisverlust	
Kompetenz	wahr	falsch
wahr	0,5	0,2
falsch	0,5	0,8

Tabelle 21: A-Priori-Wahrscheinlichkeiten für den Knoten *Kompetenz* der Nklg

	Objektivität							
	wahr				falsch			
	Wahrhaftigkeit							
	wahr		falsch		wahr		falsch	
	Kompetenz							
Zuver- lässig- keit	wahr	falsch	wahr	falsch	wahr	falsch	wahr	falsch
wahr	1	0,67	0,67	0,33	0,67	0,33	0,33	0
falsch	0	0,33	0,33	0,67	0,33	0,67	0,67	1

Tabelle 22: A-Priori-Wahrscheinlichkeiten für den Knoten *Zuverlässigkeit* der Nklg

	K schuldig?							
	wahr				falsch			
	Vergeltung Nklg							
	wahr		falsch		wahr		falsch	
	Zuverlässigkeit							
Aussage Nklg	wahr	falsch	wahr	falsch	wahr	falsch	wahr	falsch
wahr	0,9	0,5	1	0,5	0,1	0	0,5	0,5
falsch	0,1	0,5	0	0,5	0,9	1	0,5	0,5

Tabelle 23: A-Priori-Wahrscheinlichkeiten für den Knoten *Aussage Nklg*

	K in Wohnung							
	wahr				falsch			
	K gewalttätig							
	wahr		falsch		wahr		falsch	
	Trennung							
K schuldig?	wahr	falsch	wahr	falsch	wahr	falsch	wahr	falsch
wahr	0,95	0,8	0,1	0,05	0	0	0	0
falsch	0,05	0,2	0,9	0,95	1	1	1	1

Tabelle 24: A-Priori-Wahrscheinlichkeiten für den Knoten *K schuldig?*

Printed in the United States
By Bookmasters